陕西延安黄龙山褐马鸡国家级自然保护区大型真菌多样性

余仲东　马宝有　彭子嘉　骆泽煜　等著

西北农林科技大学出版社

图书在版编目（CIP）数据

陕西延安黄龙山褐马鸡国家级自然保护区大型真菌多
样性 / 余仲东, 马宝有, 彭子嘉等著. -- 杨凌：西北农
林科技大学出版社, 2021.12
　ISBN 978-7-5683-1066-6

　Ⅰ.①陕… Ⅱ.①余… ②马… ③彭… Ⅲ.①自然保
护区—大型真菌—多样性—研究—延安 Ⅳ.
①Q949.320.8

　中国版本图书馆CIP数据核字(2021)第251758号

陕西延安黄龙山褐马鸡国家级自然保护区大型真菌多样性

余仲东　　马宝有　　彭子嘉　等著

出版发行	西北农林科技大学出版社
地　　址	陕西杨凌杨武路3号　　　　　邮　编：712100
电　　话	总编室：029-87093195　　　发行部：029-87093302
电子邮箱	press0809@163.com
印　　刷	陕西天地印刷有限公司
版　　次	2021年12月第1版
印　　次	2021年12月第1次印刷
开　　本	889 mm×1 194 mm　1/16
印　　张	18.5
字　　数	248千字

ISBN　978-7-5683-1066-6

定价：108.00元

本书如有印装质量问题，请与本社联系

编委会

著　者

　　　余仲东（西北农林科技大学）

　　　马宝有（黄龙山国有林管理局）

　　　彭子嘉（西北农林科技大学）

　　　骆泽煜（西北农林科技大学）

参　编（按姓氏笔画排序）

　　　王天才（黄龙山国有林管理局）

　　　王育鹏（黄龙山国有林管理局）

　　　刘小勇（中国科学院微生物研究所）

　　　齐　梅（西北农林科技大学，西安绿环林业技术服务有限责任公司）

　　　李登武（西北农林科技大学）

　　　吴翌铭（西北农林科技大学）

　　　徐　勇（西北农林科技大学）

王天才　骆泽煜　马宝有
余仲东　彭子嘉　王育鹏
（由左至右）

前 言
preface

  2021 年联合国《生物多样性公约》缔约方大会第十五次会议（CBD COP15）在昆明胜利召开，大会倡导共建地球生命共同体，开展生物多样性保护常态化，推进人类社会生态文明建设，标志着生物多样性保护将在未来社会中更加重要。生物丰富而多样是美丽中国追求的目标之一，是实现绿水青山的重要前提。生物多样性既是重要的战略资源又是发展新型生物产业的重要基础，而保护生物多样性是衡量一个国家生态文明水平和可持续发展能力的重要标志。中国作为《生物多样性公约》缔约国之一，过去 20 多年的时间里在生物多样性保护方面取得了举世瞩目的成绩，生态环境越来越好。但是，菌物因其个体微小、甄别困难、研究基础薄弱、相关工作人员较少等原因，在过去的生物多样性保护进程中并没有得到充分的重视。2008 年，生态环境部（原环境保护部）联合中国科学院启动了《中国生物多样性红色名录》的编制工作，并于2013 年 9 月、2015 年 5 月先后发布《中国生物多样性红色名录—高等植物卷》《中国生物多样性红色名录—脊椎动物卷》。至此，中国已完成了六界系统中的植物界和动物界的首次红色名录评估，却未见真菌（真菌界）、黏菌（原生动物界）等的踪影。直到 2016 年 5 月，生态环境部和中科院启动了"中国生物多样性红色名录—大型真菌卷"研讨会，标志着我国大型真菌的保护工作已纳入历史进程。2018 年，中国科学院、国家生态环境部根据世界自然保护联盟（IUCN）所制定和推广的红色名录等级和标准，结合我国实际情况，制定和公布了《中国生物多样性红色名录—大型真菌卷》评估报告及名录。该名录共评估中国大型真菌 9302 种，其中，疑似灭绝（PE）的有 1 种，极危（CR）9 种、濒危（EN）25 种、易危（VU）62 种、近危（NT）101 种、无危（LC）2 764 种、数据不足（DD）6 340 种，暂无灭绝（EX）和野外灭绝（EW）的物种。但是，作物病原真菌、黏菌等仍未得到有效评估，尤其是现阶段对于黏菌的研究还较为薄弱。因此，在中国生物多样性保护的历史征程中，尚有许多工作需要广大科研工作者们不断补充和完善。

  陕西延安黄龙山褐马鸡国家级自然保护区位于陕西省延安市黄龙、宜川两县交界处的黄龙山林区，地理坐标为东经 109°55′09″ ～ 110°19′32″、北纬 35°31′53″ ～ 35°53′29″。保护区总面积 81 753 公顷，其中，核心区 26 158 公顷，缓冲区 26 056 公顷，实验区 29 539 公顷，森林面积 65 000 多公顷，森林覆盖率达 85% 以上，是黄土高原唯一保存完整的天然次生林区。保护区内现存维管植物 123 科 479 属 960 种，其中石松类和蕨类植物 11 科 21 属 35 种、种子植物 112 科 458 属 925 种、国家重点保护野生植物 20 余种；栖息有脊椎动物 5 纲 24 目 61 科 216 种（亚种），包括国家重点保护野生动物金雕、黑鹳、褐马鸡、原麝等。黄龙山菌物资源也十分丰富，但之前未曾系统开展过大型菌物的相关调查，因此本地区菌物资源的真实情况仍然未知。

在局长马宝有的带领下，陕西延安黄龙山褐马鸡国家级自然保护区管理局、延安市黄龙山国有林管理局、西北农林科技大学、中国科学院微生物研究所等多家单位，于 2020 ～ 2021 年分季节对黄龙山褐马鸡国家自然保护区大型菌物进行了细致、高强度的调查、采集和鉴定工作，根据《中国生物多样性红色名录—大型真菌卷》《中国大型菌物资源图鉴》《中国西南地区常见食用菌和毒菌》、Index Fungorum、Mycobank、MushroomExpert.com、Biodiversity Heritage Library（BHL）、Global Biodiversity Information Facility（GBIF）、GenBank 等资料和数据库对黄龙山大型菌物资源进行了鉴定，并分析了濒危等级、地理区系等概况。结合形态学和分子生物学等手段，在采集的黄龙山大型菌物标本中，共鉴定出大型菌物 205 种，其中大型真菌 197 种（子囊菌 22 种，担子菌 175 种）、作物大型病原真菌 4 种、大型黏菌 4 种；其中中国新记录种 7 种，易危（VU）物种 1 种（猴头菌 Hericium erinaceus）、近危（NT）物种 3 种（密枝瑚菌 Ramaria stricta、杯密瑚菌 Artomyces pyxidatus、树舌灵芝 Ganoderma applanatum）、无危（LC）物种 142 种、数据不足（DD）物种 34 种、未予评估（NE）物种 25 种。从属的世界地理成分来看，黄龙山大型菌物大部分属于世界广布成分和北温带成分，少部分属于热带 - 亚热带成分，极少部分属于热带成分和中国特有成分。

在本书的外业调查等工作过程中，黄龙山自然保护区管理局的屈宏胜、张建哲、霍安平、尚伟、雷晓莉、冯艳君、刘顺德、袁晓青、姬建利、李振平、周王兴、李文治、沈志平、陈斌峰、高起乾、刘江成、屈学宝、王云龙、高东峰、李宏志、陈开朝等参加了野外调查拍摄工作，吉林农业大学图力古尔教授、北京林业大学崔宝凯教授、中国科学院微生物研究所王科博士对本书各分类单元等的学名、形态特征、图片等内容进行了细致的审阅；美国爱达荷大学 Newcombe George 教授、挪威奥斯陆建筑与设计学院师超众硕士生提供了本书中一些新记录种的相关资料……在此一并致以深深的谢忱！

由于我们才疏学浅，尽管对全书反复进行了审校和修正，书中错误在所难免，我们真诚希望得到各位读者与同行的批评指正。

著者

2021 年 9 月

目 录
Contents

第五章　伞菌

第六章 牛肝菌

第一章

大型子囊菌

CHAPTER I
LARGER ASCOMYCETES

紫色囊盾菌 *Ascocoryne cylichnium*

学　　名：***Ascocoryne cylichnium* (Tul.) Korf**, *Phytologia* 21(4): 202 (1971)

同物异名：≡ ***Peziza cylichnium* Tul.**, *Annls Sci. Nat., Bot., sér.* 3 20: 174 (1853)

　　　　　≡ ***Coryne cylichnium* (Tul.) Sacc.**, *Syll. fung.* (Abellini) 8: 643 (1889)

　　　　　= ***Ombrophila urnalis* (Nyl.) P. Karst.**, *Bidr. Känn. Finl. Nat. Folk* 19: 87 (1871)

中文俗名：杯紫胶盘菌。

分类地位：真菌界 Fungi，子囊菌门 Ascomycota，锤舌菌纲 Leotiomycetes，柔膜菌目 Helotiales，胶质盘菌科 Gelatinodiscaceae。

形态特征：子囊盘直径 5 ～ 22 mm，盘形至杯形或带柄的酒杯形，胶质。子实层表面暗紫褐色至带紫红的灰褐色，光滑。囊盘被外观与子实层表面相似，或色稍浅，有细绒毛。菌柄有或缺。子囊 200 ～ 230 μm × 14 ～ 16 μm。子囊孢子 18 ～ 28 μm × 4 ～ 6 μm，纺锤形，光滑，有多个小油滴，成熟时有数个横隔。分生孢子常可形成，近球形，但不成串。

生　　境：群生于针、阔叶树的腐木上。

分　　布：分布于我国东北、华北地区。

小孢绿杯盘菌 *Chlorociboria aeruginascens*

学　　名：***Chlorociboria aeruginascens*** **(Nyl.) Kanouse ex C.S. Ramamurthi, Korf & L.R. Batra**, *Mycologia* 49(6): 858 (1958)

同物异名：≡ ***Peziza aeruginascens* Nyl., Not**. *Sällsk. Fauna et Fl. Fenn. Förh.*, Ny Ser. 10: 42 (1868)

中文俗名：小孢绿杯菌。

分类地位：真菌界 Fungi，子囊菌门 Ascomycota，锤舌菌纲 Leotiomycetes，柔膜菌目 Helotiales，绿杯盘菌科 Chlorociboriaceae。

形态特征：子囊盘宽 3 ~ 7 mm，盘形至贝壳形。子实层表面深蓝绿色。囊盘被深绿色或稍淡，边缘稍内卷或波状，光滑。菌柄长 1 ~ 5 mm，直径 0.5 ~ 1.0 mm，常偏生至近中生。子囊 70 ~ 100 μm × 6 ~ 8 μm，近圆柱形，具 8 个子囊孢子，顶端遇碘变蓝。子囊孢子 6 ~ 8 μm × 1 ~ 3 μm，椭圆形至梭形，稍弯曲，无色，光滑。

生　　境：夏秋季生于腐木上。

分　　布：分布于我国大部分地区。

蛹蛾虫草 *Cordyceps polyarthra*

学　　名：***Cordyceps polyarthra* Möller**, *Bot. Mitt. Trop.* 9: 213 (1901)

同物异名：= ***Cordyceps subpolyarthra* Henn.**, *Hedwigia* 41: 11 (1902)

　　　　　= ***Cordyceps concurrens* Lloyd**, *Mycol. Writ.* 7(Letter 68): 1180 (1923)

分类地位：真菌界 Fungi，子囊菌门 Ascomycota，粪壳菌纲 Sordariomycetes，肉座菌目 Hypocreales，虫草科 Cordycipitaceae。

形态特征：无性分生孢子体生于蛾蛹上，由多根孢梗束组成。虫体被灰白色或白色菌丝包被。孢梗束高 2.0～3.8 cm，群生或近丛生，常有分枝。孢梗束柄纤细，黄白色、浅青黄色、蛋壳色至米黄色，部分偶带淡褐色，光滑。上部多分枝，白色，粉末状。分生孢子 2～3 μm×1.5～2 μm，近球形至宽椭圆形。

生　　境：生于林中枯枝落叶层或地下蛾蛹等上。

分　　布：分布于我国华北、华中、华南等地区。

黑轮层炭壳 *Daldinia concentrica*

学　　名：***Daldinia concentrica* (Bolton) Ces. & De Not.**, *Comm. Soc. crittog. Ital.* 1(fasc. 4): 197 (1863)

同物异名：≡ ***Sphaeria concentrica* Bolton**, *Hist. fung. Halifax*, App. (Huddersfield) 3: 180 (1792)

中文俗名：炭球菌。

分类地位：真菌界 Fungi，子囊菌门 Ascomycota，粪壳菌纲 Sordariomycetes，炭角菌目 Xylariales，炭团菌科 Hypoxylaceae。

形态特征：子座宽 2 ～ 8 cm，高 2 ～ 6 cm，扁球形至不规则马铃薯形，多群生或相互连接，初褐色至暗紫红褐色，后黑褐色至黑色，近光滑，光滑处常反光，成熟时出现不明显的子囊壳孔口。子座内部木炭质，剖面有黑白相间或部分几乎全黑色至紫蓝黑色的同心环纹。子座色素在氢氧化钾中呈淡茶褐色。子囊壳埋生于子座外层，往往有点状的小孔口。子囊 150 ～ 200 μm × 10 ～ 12 μm。子囊孢子 12 ～ 17 μm × 6 ～ 8.5 μm，近椭圆形或近肾形，光滑，暗褐色。芽孔线形。

生　　境：生于阔叶树腐木和腐树皮上。

分　　布：全国各地均有分布。

用　　途：药用，有毒。

平盘菌 *Discina ancilis*

学　　名：***Discina ancilis*** (Pers.) Sacc., *Syll. fung*. (Abellini) 8: 103 (1889)

同物异名：≡ ***Peziza ancilis*** **Pers**., *Mycol*. eur. (Erlanga) 1: 219 (1822)

　　　　　= ***Peziza perlata*** **Fr**., *Syst. mycol*. (Lundae) 2(1): 43 (1822)

　　　　　= ***Discina perlata*** **(Fr.) Fr**., *Summa veg. Scand*., Sectio Post. (Stockholm): 348 (1849)

分类地位：菌界 Fungi，子囊菌门 Ascomycota，盘菌纲 Pezizomycetes，盘菌目 Pezizales，平盘菌科 Discinaceae。

形态特征：子囊盘宽 3 ～ 6 cm，下凹。子实层表面暗棕色，有褶皱，中部脐状。囊盘被近白色。菌柄白色，短而粗壮。子囊 380 ～ 450 μm × 18 ～ 21 μm，圆柱形。子囊孢子 25 ～ 35 μm × 8 ～ 16 μm，椭圆形或拟纺锤形，光滑，无色，两端各有 1 个小尖突。

生　　境：夏秋季群生或散生于腐木上。

分　　布：分布于我国青藏高原及华中、华北等地区。

用　　途：有毒，勿食。

皱马鞍菌 *Helvella crispa*

学　　名：***Helvella crispa* (Scop.) Fr**., *Syst. mycol.* (Lundae) 2(1): 14 (1822)

同物异名：≡ ***Phallus crispus* Scop**., *Fl. carniol.*, Edn 2 (Wien) 2: 475 (1772)

　　　　　≡ ***Costapeda crispa* (Scop.) Falck**, *Śluzowce monogr.*, Suppl. (Paryz) 3: 401 (1923)

分类地位：真菌界 Fungi，子囊菌门 Ascomycota，盘菌纲 Pezizomycetes，盘菌目 Pezizales，马鞍菌科 Helvellaceae。

形态特征：子囊盘宽 2 ～ 4 cm，马鞍形，成熟后常呈不规则瓣片状，白色到淡黄色，有时带灰色，边缘与柄不相连。子实层生于菌盖上表面，光滑，常有褶皱。菌柄长 5 ～ 6 cm，直径 1 ～ 2 cm，有纵棱及深槽形陷坑，棱脊缘窄而往往交织，与菌盖同色。子囊孢子 14 ～ 20 μm × 10 ～ 15 μm，宽椭圆形，光滑至粗糙，无色。

生　　境：夏秋季单生于阔叶林中地上。

分　　布：分布于我国大部分地区。

用　　途：有条件食用菌。

弹性马鞍菌 *Helvella elastica*

学　　名：***Helvella elastica* Bull.**, *Herb. Fr.* (Paris) 6: tab. 242 (1785)

同物异名：≡ ***Leptopodia elastica* (Bull.) Boud.**, *Icon. Mycol.* (Paris) 2: tab. 232 (1907)

　　　　　≡ ***Tubipeda elastica* (Bull.) Falck**, *Mykol. Untersuch. Ber.* 1(3): 401 (1923)

　　　　　= ***Helvella albida* Schaeff.**, *Fung. bavar. palat. nasc.* (Ratisbonae) 4: 101 (1774)

分类地位：真菌界 Fungi，子囊菌门 Ascomycota，盘菌纲 Pezizomycetes，盘菌目 Pezizales，马鞍菌科 Helvellaceae。

形态特征：子囊盘宽 2.0 ～ 4.5 cm，马鞍形，蛋壳色、灰蜡黄色至灰褐色或近黑色。子实层表面平滑，常卷曲，边缘与菌柄分离。菌柄长 4 ～ 10 cm，直径 0.6 ～ 1.0 cm，圆柱形，白色，成熟后渐变蛋壳色、灰白色至灰色。子囊 200 ～ 280 μm × 15 ～ 20 μm，具 8 个子囊孢子，单行排列。子囊孢子 17 ～ 22 μm × 10 ～ 14 μm，椭圆形，无色，具 1 个油滴，光滑至稍粗糙。

生　　境：夏秋季生于林中地上。

分　　布：全国各地均有分布。

用　　途：据记载可食，但也有人食后中毒，不宜采食。

半球土盘菌 *Humaria hemisphaerica*

学　　　名：***Humaria hemisphaerica* (F.H. Wigg.) Fuckel**, *Jb. nassau. Ver. Naturk.* 23-24: 322 (1870)

同物异名：≡ ***Peziza hemisphaerica* F.H. Wigg.**, *Prim. fl. holsat.* (Kiliae): 105 (1780)

　　　　　≡ ***Sepultaria hemisphaerica* (F.H. Wigg.) Lambotte**, *Mém. Soc. roy. Sci. Liège*, Série 2 14: 302 [prepr.] (1887)

　　　　　= ***Peziza hispida* Sowerby**, *Col. fig. Engl. Fung. Mushr.* (London) 2(no. 14): tab. 147 (1799)

分类地位：真菌界 Fungi，子囊菌门 Ascomycota，盘菌纲 Pezizomycetes，盘菌目 Pezizales，土盘菌科 Pyronemataceae。

形态特征：子囊盘直径 0.8 ～ 2.0 cm，深杯形至碗形、无柄，边缘具毛。子实层表面白色至灰白色。囊盘被淡褐色，被 90 ～ 700 μm 长的绒毛或粗毛，褐色至淡褐色，具分隔。子囊 230 ～ 310 μm × 18 ～ 21 μm，近圆柱形，有囊盖，具 8 个子囊孢子。子囊孢子 18 ～ 25 μm × 10 ～ 14 μm，椭圆形，具有 2 个油滴，表面有疣状纹。

生　　　境：夏秋季生于林中地上。

分　　　布：分布于我国大部分地区。

毛柄膜盘菌 *Hymenoscyphus lasiopodius*

学　　名：***Hymenoscyphus lasiopodius* (Pat.) Dennis** [as '*lasiopodium*'], *Persoonia* 2(2): 190 (1962)

同物异名：≡ ***Belonidium lasiopodium* Pat**., *Bull. Soc. mycol. Fr.* 16(4): 184 (1900)

分类地位：真菌界 Fungi，子囊菌门 Ascomycota，锤舌菌纲 Leotiomycetes，柔膜菌目 Helotiales，柔膜菌科 Helotiaceae。

形态特征：子囊盘单散生，盘状、平展至微下凹，直径 0.8 ～ 2.0 mm，具柄，子实层表面黄色至淡橙色，干后淡枯草色、浅褐色至红褐色，子层托和柄近白色，较淡或与子实层同色，柄与子层托同色，表面近平滑，长 0.7 ～ 1.5 mm；子囊由产囊丝钩产生，柱棒状，顶端钝圆，具柄，具 8 个子囊孢子，孔口在 Melzer 试剂中呈蓝色，为两条蓝线，96 ～ 128 μm × 9 ～ 15 μm；子囊孢子梭形，无色，具 1 ～ 3 分隔，具多个油滴，在子囊中双列或不规则双列排列，21 ～ 36 μm × 4.5 ～ 6(～ 7) μm。

生　　境：腐木、腐树枝。

分　　布：分布于我国北京、安徽、江西、海南、云南、陕西等。

润滑锤舌菌 *Leotia lubrica*

学　　名：***Leotia lubrica* (Scop.) Pers.**, *Neues Mag. Bot.* 1: 97 (1794)

同物异名：≡ ***Helvella lubrica* Scop.**, *Fl. carniol.*, Edn 2 (Wien) 2: 477 (1772)

　　　　　= ***Leotia aurantipes* (S. Imai) F.L. Tai**, *Lloydia* 7(2): 157 (1944)

中文俗名：黄柄胶地锤。

分类地位：真菌界 Fungi，子囊菌门 Ascomycota，锤舌菌纲 Leotiomycetes，锤舌菌目 Leotiales，锤舌菌科 Leotiaceae。

形态特征：子囊盘直径 8～15 mm，帽形至扁半球形。子实层表面近橄榄色，有不规则皱纹。菌柄长 2～5 cm，直径 2～4 mm，近圆柱形，稍黏，黄色至橙黄色，被同色细小鳞片。子囊 110～130 μm×9～11 μm，具 8 个子囊孢子；顶端壁加厚但不为淀粉质。子囊孢子 16～20 μm × 4.5～5.5 μm，长梭形，两侧不对称，表面光滑，无色。

生　　境：夏秋季群生于针阔混交林中地上。

分　　布：分布于我国东北、华中、华北等地区。

 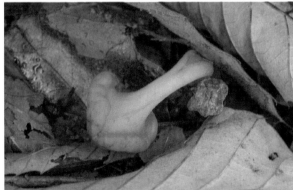

灰软盘菌 *Mollisia cinerea*

学　　名：***Mollisia cinerea* (Batsch) P. Karst.**, *Bidr. Känn. Finl. Nat. Folk* 19: 189 (1871)

同物异名：≡ ***Peziza cinerea* Batsch**, *Elench. fung.*, cont. prim. (Halle): 197 (1786)

　　　　　≡ ***Octospora cinerea* (Batsch) Gray**, *Nat. Arr. Brit. Pl.* (London) 1: 667 (1821)

　　　　　≡ ***Niptera cinerea* (Batsch) Fuckel**, *Jb. nassau. Ver. Naturk.* 23-24: 292 (1870)

分类地位：真菌界 Fungi，子囊菌门 Ascomycota，锤舌菌纲 Leotiomycetes，柔膜菌目 Helotiales，软盘菌科 Mollisiaceae。

形态特征：子囊盘直径 5 ～ 15 mm，幼时杯形，后平展。子实层表面灰白色、灰赭色至灰色，边缘幼时发白，下表面具绒毛，棕灰色，无柄，基部有时有菌丝缠绕。子囊 50 ～ 70 μm× 5 ～ 6 μm，具 8 个子囊孢子。子囊孢子 7 ～ 9 μm×2 ～ 2.5 μm，椭圆形，有时稍弯曲，光滑，透明，常具油滴。

生　　境：夏秋季群生于腐木等基质上。

分　　布：分布于我国华中、华北地区。

小羊肚菌 *Morchella deliciosa*

学　　　名：***Morchella deliciosa* Fr**., *Syst. mycol.* (Lundae) 2(1): 8 (1822)

同物异名：≡ ***Morilla deliciosa* (Fr.) Quél**., *C. r. Assoc. Franç. Avancem. Sci.* 20(2): 465 (1892)

分类地位：真菌界 Fungi，子囊菌门 Ascomycota，盘菌纲 Pezizomycetes，盘菌目 Pezizales，羊肚菌科 Morchellaceae。

形态特征：子囊果较小，高 4 ～ 10 cm。菌盖圆锥形，高 1.7 ～ 3.3 cm，直径 0.8 ～ 1.5 cm，凹坑往往长圆形，浅褐色，棱纹常纵向排列，有横脉相互交织，色较凹坑浅，边缘与菌盖连接一起。菌柄长 2.5 ～ 6.5 cm，粗 0.5 ～ 1.8 cm，近白色至浅黄色，基部往往膨大且有凹槽。子囊近圆柱形，300 ～ 350 µm × 16 ～ 25 µm。子囊孢子单行排列，椭圆形，18 ～ 20 µm × 10 ～ 11 µm。侧丝有分隔或分枝，顶端膨大，粗 11 ～ 15 µm。

生　　　境：春末夏初生于稀疏林中地上，常单生。

分　　　布：分布于我国华北、西北、华中、青藏高原等地区。

用　　　途：食药兼用。

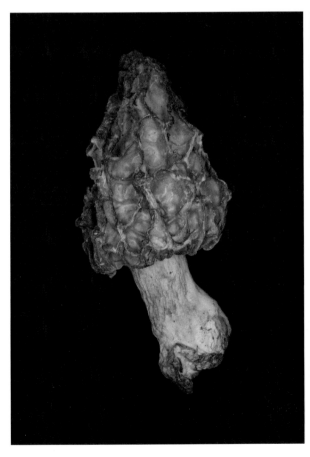
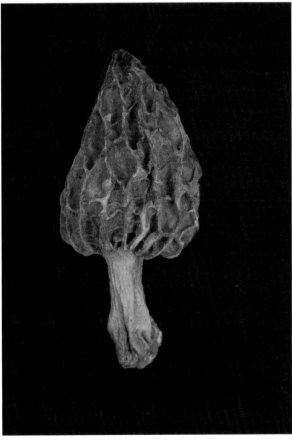

羊肚菌 *Morchella esculenta*

学　　名：***Morchella esculenta* (L.) Pers.**, *Neues Mag. Bot.* 1: 116 (1794)

同物异名：≡ ***Morellus esculentus* (L.) Eaton**, *Man. bot.*, Edn 2: 324 (1818)

分类地位：真菌界 Fungi，子囊菌门 Ascomycota，盘菌纲 Pezizomycetes，盘菌目 Pezizales，羊肚菌科 Morchellaceae。

形态特征：子实体较小或中等，高 6.0～14.5 cm。菌盖长 4～6 cm，宽 4～6 cm，不规则圆形、椭圆形，表面有许多凹坑，似羊肚状，淡黄褐色或浅黄色。菌柄长 5～7 cm，粗 2～2.5 cm，白色，有浅纵沟，基部稍膨大。子囊 200～300 μm×18～22 μm；子囊孢子 8 个，单行排列，宽椭圆形，20～24 μm×12～15 μm。侧丝顶部膨大，有时有隔。

生　　境：生境较广泛，在阔叶林、针阔叶混交林、草丛中、水沟边等土质疏松的地段上均有分布，常单生，有时群生。

分　　布：分布于我国大部分地区。

用　　途：食药兼用。

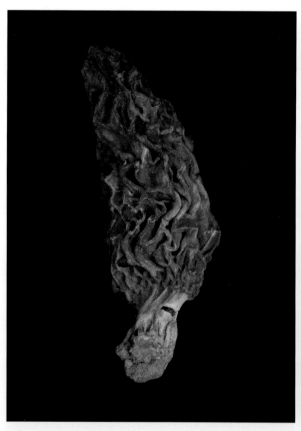
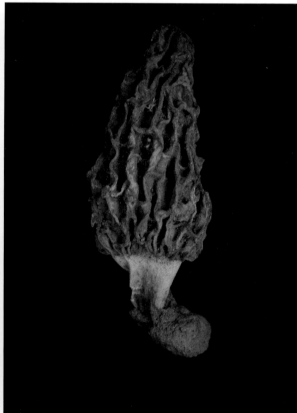

皱红盘菌 *Plectania rhytidia*

学　　名：***Plectania rhytidia* (Berk.) Nannf. & Korf**, *Mycologia* 49(1): 110 (1957)

同物异名：≡ ***Peziza rhytidia* Berk**., in Hooker, *Bot. Antarct. Voy. Erebus Terror* 1839-1843, II, Fl. Nov.-Zeal.: 200 (1855)

　　　　　≡ ***Urnula rhytidia* (Berk.) Cooke**, in Saccardo, *Syll. fung.* (Abellini) 8: 548 (1889)

分类地位：真菌界 Fungi，子囊菌门 Ascomycota，盘菌纲 Pezizomycetes，盘菌目 Pezizales，肉盘菌科 Sarcosomataceae。

形态特征：子囊盘直径 1 ～ 2 cm，盘形至杯形，近无柄，基部具深色菌丝垫。子实层表面暗褐色至黑色。囊盘被暗褐色至黑色，有近黑色绒毛。子囊 350 ～ 400 μm × 15 ～ 18 μm，近圆柱形，具 8 个子囊孢子。子囊孢子 22 ～ 31 μm × 10 ～ 13 μm，扁椭圆形，一面具 9 ～ 17 条横沟纹，其余表面平滑。

生　　境：夏秋季生于腐木上。

分　　布：分布于我国华中、华北地区。

小红肉杯菌 *Sarcoscypha occidentalis*

学　　名：***Sarcoscypha occidentalis* (Schwein.) Sacc.**, *Syll. fung.* (Abellini) 8: 154 (1889)

同物异名：≡ ***Peziza occidentalis* Schwein.**, *Trans. Am. phil. Soc.*, New Series 4(2): 171 (1832)

　　　　　≡ ***Geopyxis occidentalis* (Schwein.) Morgan**, *J. Mycol.* 8(4): 188 (1902)

分类地位：真菌界 Fungi，子囊菌门 Ascomycota，盘菌纲 Pezizomycetes，盘菌目 Pezizales，肉盘菌科 Sarcoscyphaceae。

形态特征：子囊盘直径 0.5 ～ 2.0 cm，初期至后期漏斗形。子实层表面橘黄色至鲜红色，外侧白色，具很细的绒毛。菌柄长 0.2 ～ 1.5 cm，白色，有时偏生。子囊 390 ～ 420 μm × 12 ～ 15 μm，圆柱形，向基部渐变细，具 8 个子囊孢子，单行排列。子囊孢子 8 ～ 12 μm，椭圆形，无色，光滑，有颗粒状内含物。侧丝宽约 3 μm，线形，上端稍膨大或分枝，有横隔，毛无色，厚壁，有微小刺。

生　　境：秋季单生或群生林中倒腐木上。

分　　布：分布于我国西北、华北、华中、东北等地区。

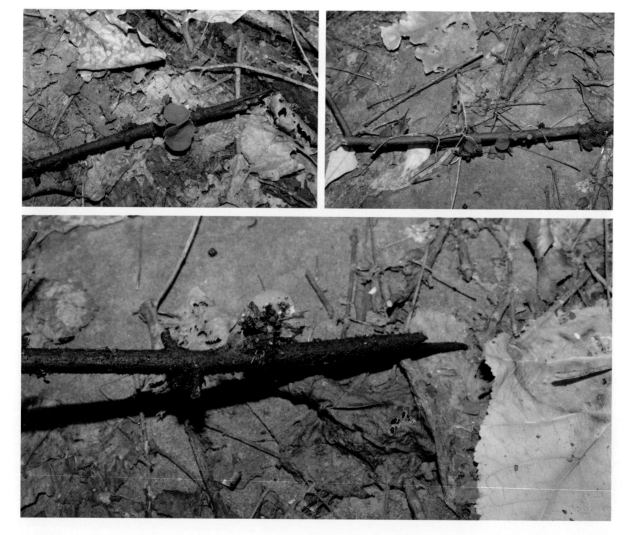

红毛盾盘菌 *Scutellinia scutellata*

学　　名：***Scutellinia scutellata* (L.) Lambotte**, *Mém. Soc. roy. Sci. Liège*, Série 2 14: 299 [prepr.]
　　　　　(1887)

同物异名：≡ ***Peziza scutellata* L.**, *Sp. pl.* 2: 1181 (1753)

中文俗名：红毛盘。

分类地位：真菌界 Fungi，子囊菌门 Ascomycota，盘
　　　　　菌纲 Pezizomycetes，盘菌目 Pezizales，火
　　　　　丝菌科 Pyronemataceae。

形态特征：子囊盘直径 3 ～ 15 mm，扁平呈盾状。
　　　　　子实层表面鲜红色、深红色至橙红色，
　　　　　老后或干后变浅色，平滑至有小皱纹，
　　　　　边缘有褐色刚毛。刚毛长达 2 mm，硬
　　　　　直，顶端尖，有分隔，壁厚。无柄。子
　　　　　囊 175 ～ 240 μm × 12 ～ 18 μm，圆柱形。
　　　　　子囊孢子 16 ～ 22 μm × 11 ～ 15 μm，椭
　　　　　圆形至宽椭圆形，成熟后有小疣。子囊
　　　　　孢子单行排列。

生　　境：群生于潮湿的腐木上。

分　　布：分布于我国大部分地区。

地疣杯菌 *Tarzetta catinus*

学　　名：***Tarzetta catinus*** **(Holmsk.) Korf & J.K. Rogers**, *Phytologia* 21(4): 206 (1971)

同物异名：≡ ***Peziza catinus*** **Holmsk.**, *Beata Ruris Otia FUNGIS DANICIS* 2: 22 (1799)

　　　　　≡ ***Pustularia catinus*** **(Holmsk.) Fuckel**, *Jb. nassau. Ver. Naturk.* 23-24: 328 (1870)

分类地位：真菌界 Fungi，子囊菌门 Ascomycota，盘菌纲 Pezizomycetes，盘菌目 Pezizales，火丝菌科 Pyronemataceae。

形态特征：子囊盘直径 1 ～ 4 cm，杯形或碗形，边缘齿状，变老时平展或分裂，老时边 缘稍内卷。近无柄至具深埋于地下的柄。子实层表面奶油色。囊盘被具毡状绒毛，与子实层表面同色或颜色稍浅。菌肉薄，易碎。外囊盘被为角胞组织至球胞组织，盘下层为交错菌丝组织。子囊 270 ～ 300 μm × 13 ～ 16 μm，有囊盖，具 8 个子囊孢子。子囊孢子 20 ～ 24 μm × 11 ～ 13 μm，椭圆形，两端稍窄，光滑。

生　　境：夏秋季单生或群生于针叶林或阔叶林中地上。

分　　布：分布于我国大部分地区。

用　　途：可食。

爪哇陀胶盘菌 *Trichaleurina javanica*

学　　名：***Trichaleurina javanica* (Rehm) M. Carbone, Agnello & P. Alvarado**, *Ascomycete.org* 5(1): 6 (2013)

同物异名：≡ ***Sarcosoma javanicum* Rehm**, *Hedwigia* 32: 226 (1893)

　　　　　≡ ***Galiella javanica* (Rehm) Nannf. & Korf**, *Mycologia* 49(1): 108 (1957)

分类地位：真菌界 Fungi，子囊菌门 Ascomycota，盘菌纲 Pezizomycetes，盘菌目 Pezizales，火丝菌科 Pyronemataceae。

形态特征：子囊盘直径 3 ～ 5 cm，高 4 ～ 6 cm，陀螺形无柄。子实层表面灰黄色、灰褐色至深褐色。囊盘被褐色至暗褐色，被褐色至烟色绒毛，绒毛表面有细小颗粒。菌肉 (盘下层) 强烈胶质。子囊 400 ～ 500 μm × 14 ～ 17 μm，近圆柱形，具 8 个子囊孢子。子囊孢子 26 ～ 34 μm × 9 ～ 12 μm，椭圆形至近椭圆形，外表具疣状纹。

生　　境：夏秋季生于腐木上。

分　　布：分布于我国华南、华北地区。

用　　途：有毒。

波地钟菌 *Verpa bohemica*

学　　名：***Verpa bohemica* (Krombh.) J. Schröt.**, in Cohn, *Krypt.-Fl. Schlesien* (Breslau) 3.2(1–2): 25 (1893)

同物异名：≡ ***Morchella bohemica* Krombh.**, *Monatschr. Gesellsch. Vaterländ. Mus. Böhmen* 2(Jan.-Jun.): 478 (1828)

　　　　　= ***Verpa bispora* (Sorokīn) Lagarde**, *Discomycetes* 2: 41 (1924)

分类地位：真菌界 Fungi，子囊菌门 Ascomycota，盘菌纲 Pezizomycetes，盘菌目 Pezizales，羊肚菌科 Morchellaceae。

形态特征：子囊盘直径 2～4 cm，锥形或钟形，常具由褶皱形成的纵向的脊，脊常接合形成脉状网络，黄褐色至灰褐色。囊盘被颜色稍浅，只有顶部与菌柄相连，其余部分与菌柄分离。菌柄长 6～12 cm，直径 1.0～2.5 cm，乳白色，向上渐细，初期菌柄内部具松散的絮状菌丝，后期空心。菌肉白色。子囊 275～350 μm × 16～23 μm，内含 2～3 个子囊孢子。子囊孢子 60～80 μm × 15～18 μm，长椭圆形，表面光滑，有时弯曲。

生　　境：春季单生或散生于林中地上。

分　　布：分布于我国东北、华中、华北等地区。

用　　途：有条件食用菌。

短小炭角菌 *Xylaria curta*

学　　名：***Xylaria curta* Fr.**, *Nova Acta R. Soc. Scient. upsal.*, Ser. 3 1(1): 126 (1851)

同物异名：≡ ***Xylosphaera curta* (Fr.) Dennis**, *Kew Bull.* [13](1): 103 (1958)

分类地位：真菌界 Fungi，子囊菌门 Ascomycota，粪壳菌纲 Sordariomycetes，炭角菌目 Xylariales，
炭角菌科 Xylariaceae。

形态特征：子座高 1 ～ 2 cm，直径 4 ～ 7 mm，棒形
或扁棒形，顶端钝圆可育，黑褐色至黑色，
带灰白色鳞屑，大部分可育。不育菌柄短
或退化至缺，光滑，黑色。菌肉内部白色。
子囊壳直径可达 500 μm，近球形，埋生，
孔口黑色乳突状。子囊 100 ～ 130 μm ×
6 ～ 8 μm，圆柱形，具柄，具 8 个子囊孢子。
子囊孢子 9.5 ～ 11.5 μm × 4.5 ～ 5.5 μm。
椭圆形，光滑，单胞，褐色。

生　　境：夏秋季单生、散生、群生或丛生于阔叶林
腐木上。

分　　布：分布于我国华中、华北地区。

团炭角菌 Xylaria hypoxylon

学　　名： ***Xylaria hypoxylon* (L.) Grev.**, *Fl. Edin.*: 355 (1824)

同物异名： ≡ ***Clavaria hypoxylon* L.**, *Sp. pl.* 2: 1182 (1753)

　　　　　　≡ ***Sphaeria hypoxylon* (L.) Pers.**, *Observ. mycol.* (Lipsiae) 1: 20 (1796)

　　　　　　≡ ***Cordyceps hypoxylon* (L.) Fr.**, *Observ. mycol.* (Havniae) 2: 317 (cancellans) (1818)

　　　　　　≡ ***Xylosphaera hypoxylon* (L.) Dumort.**, *Comment. bot.* (Tournay): 91 (1822)

分类地位： 真菌界 Fungi，子囊菌门 Ascomycota，粪壳菌纲 Sordariomycetes，炭角菌目 Xylariales，炭角菌科 Xylariaceae。

形态特征： 子座高 3 ～ 8 cm，圆柱形、鹿角形或扁平鹿角形，不分枝至分枝较多，污白色至乳白色，后期黑色，基部黑色，并有细绒毛，顶部尖或扁平、鸡冠形。子囊壳黑色。子囊 100 ～ 150 μm×6 ～ 8 μm，圆筒形，具 8 个子囊孢子。子囊孢子 11 ～ 14 μm×5 ～ 6 μm，光滑，无隔。

生　　境： 群生于林中腐木或枯枝上。

分　　布： 全国各地均有分布。

多形炭角菌 *Xylaria polymorpha*

学　　名：***Xylaria polymorpha* (Pers.) Grev.**, *Fl. Edin.*: 355 (1824)

同物异名：≡ ***Sphaeria polymorpha* Pers.**, *Comm. fung. clav.* (Lipsiae): 17 (1797)

　　　　　≡ ***Cordyceps polymorpha* (Pers.) Fr.**, *Observ. mycol.* (Havniae) 2: 317 (cancellans) (1818)

分类地位：真菌界 Fungi，子囊菌门 Ascomycota，粪壳菌纲 Sordariomycetes，炭角菌目 Xylariales，炭角菌科 Xylariaceae。

形态特征：子座高 3 ～ 12 cm，直径 0.5 ～ 2.2 cm，上部棒形、圆柱形、椭圆形、哑铃形、近球形或扁曲，内部肉色，干时质地较硬，表皮多皱，暗色或黑褐色至黑色，无不育顶部。不育菌柄一般较细，基部有绒毛。子囊壳直径 500 ～ 800 μm，近球形至卵圆形，埋生，孔口疣状，外露。子囊 150 ～ 200 μm × 8 ～ 10 μm，圆筒形，有长柄。子囊孢子 20 ～ 30 μm × 6 ～ 10 μm，梭形，单行排列，常不等边，褐色至黑褐色。

生　　境：单生至群生于林间倒腐木、树桩的树皮或裂缝间。

分　　布：全国各地均有分布。

用　　途：药用。

第二章

胶质菌

CHAPTER II
JELLY FUNGI

角质木耳 *Auricularia cornea*

学　　名：*Auricularia cornea* **Ehrenb.**,in Nees von Esenbeck (Ed.), *Horae Phys. Berol.*: 91 (1820)

同物异名：≡ ***Exidia cornea* (Ehrenb.) Fr.**, *Syst. mycol.* (Lundae) 2(1): 222 (1822)

中文俗名：毛木耳。

分类地位：真菌界 Fungi，担子菌门 Basidiomycota，蘑菇纲 Agaricomycetes，木耳目 Auriculariales，
　　　　　木耳科 Auriculariaceae。

形态特征：子实体一年生，直径可达 15 cm，厚 0.5 ～ 1.5 mm。新鲜时杯形、盘形或贝壳形，较
　　　　　厚，通常群生，有时单生，棕褐色至黑褐色，胶质，有弹性，质地稍硬，中部凹陷，
　　　　　边缘锐且通常上卷。干后收缩，变硬，角质，浸水后可恢复成新鲜时形态及质地。
　　　　　不育面中部常收缩成短柄状，与基质相连，被绒毛，暗灰色，分布较密。子实层表
　　　　　面平滑，深褐色至黑色。担孢子 11.5 ～ 13.8 μm × 4.8 ～ 6.0 μm，腊肠形，无色，薄
　　　　　壁，平滑。

生　　境：夏秋季生长在多种阔叶树倒木和腐木上。

分　　布：全国各地均有分布。

用　　途：食药兼用；可栽培。

细木耳 *Auricularia heimuer*

学　　名：***Auricularia heimuer* F. Wu, B.K. Cui & Y.C. Dai**, in Wu, Yuan, Malysheva, Du & Dai, *Phytotaxa* 186: 248 (2014)

同物异名：无。

分类地位：真菌界 Fungi，担子菌门 Basidiomycota，蘑菇纲 Agaricomycetes，木耳目 Auriculariales，木耳科 Auriculariaceae。

中文俗名：黑木耳。

形态特征：子实体宽 2 ～ 9 cm，有时可达 13 cm，厚 0.5 ～ 1.0 mm。新鲜时呈杯形、耳形、叶形或花瓣形，棕褐色至黑褐色，柔软半透明，胶质，有弹性，中部凹陷，边缘锐，无柄或具短柄。干后强烈收缩，变硬，脆质，浸水后迅速恢复成新鲜时形态及质地。子实层表面平滑或有褶状隆起，深褐色至黑色。不育面与基质相连，密被短绒毛。担孢子 11 ～ 13 μm × 4 ～ 5 μm，近圆柱形或弯曲成腊肠形，无色，薄壁，平滑。

生　　境：夏季单生或簇生于多种阔叶树倒木和腐木上。

分　　布：全国各地均有分布。

用　　途：重要栽培食用菌。

金孢花耳 *Dacrymyces chrysospermus*

学　　名：***Dacrymyces chrysospermus* Berk. & M.A. Curtis**, *Grevillea* 2(no. 14): 20 (1873)

同物异名：≡ ***Dacrymyces palmatus* Bres.**, *Öst. bot. Z.* 54(12): 425 (1904)

中文俗名：掌状花耳。

分类地位：真菌界 Fungi，担子菌门 Basidiomycota，花耳纲 Dacrymycetes，花耳目 Dacrymycetales，花耳科 Dacrymycetaceae。

形态特征：子实体高 1.0 ～ 3.5 cm，直径 2 ～ 5 cm，瘤状，有褶皱和沟纹，鲜橙黄色至橘黄色。近基部近白色，胶质，初为多泡状突起，后为垫状、脑形、扇形或具短柄、盘形。边缘波状卷叠，常群生愈合成较大型的、直立的、脑状或花瓣状无柄或具短柄的群体，形状不规则瓣裂。菌肉胶质，较厚，有弹性，与外表颜色基本相同。子实层周生。担孢子 15 ～ 22 μm × 4.5 ～ 7.0 μm，呈弯曲圆柱形或圆柱形至腊肠形，光滑，近无色，壁稍厚或厚，初期无隔，后变至 3 ～ 7 横隔，多为 7 隔。

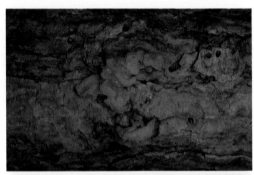

生　　境：春季至秋季雨后生长在针叶树腐木或枯枝上。

分　　布：分布于我国东北、华北、青藏高原等地区。

用　　途：可食。

匙盖假花耳 *Dacryopinax spathularia*

学　　名：***Dacryopinax spathularia* (Schwein.) G.W. Martin**, *Lloydia* 11: 116 (1948)

同物异名：≡ ***Merulius spathularia* Schwein.**, *Schr. naturf. Ges. Leipzig* 1: 92 [66 of repr.] (1822)

中文俗名：桂花耳。

分类地位：真菌界 Fungi，担子菌门 Basidiomycota，花耳纲 Dacrymycetes，花耳目 Dacrymycetales，花耳科 Dacrymycetaceae。

形态特征：子实体高 0.8 ～ 2.5 cm，柄下部直径 4 ～ 6 mm，具细绒毛，橙红色至橙黄色；基部栗褐色至黑褐色，延伸入腐木裂缝中。担子 2 分叉，2 孢。担孢子 8 ～ 15 μm × 3.5 ～ 5.0 μm，椭圆形至肾形，无色，光滑，初期无横隔，后期形成 1 ～ 2 横隔。

生　　境：春至晚秋群生或丛生于杉木等针叶树倒腐木或木桩上。

分　　布：全国各地均有分布。

用　　途：可食。

盘状韧钉耳 *Ditiola peziziformis*

学　　名：***Ditiola peziziformis* (Lév.) D.A. Reid**, *Trans. Br. mycol. Soc.* 62(3): 474 (1974)

同物异名：≡ ***Exidia peziziformis* Lév**. [as 'pezizaeformis'], *Annls Sci. Nat.*, Bot., sér. 3 9: 127 (1848)

中文俗名：胶杯耳。

分类地位：真菌界 Fungi，担子菌门 Basidiomycota，花耳纲 Dacrymycetes，花耳目 Dacrymycetales，花耳科 Dacrymycetaceae。

形态特征：子实体高 0.3 ～ 1.0 cm，直径 0.5 ～ 1.0 cm，陀螺形至近盘形，硬胶质。子实层表面黄色至橘黄色。不育面 (外表面) 被白色至污白色绒毛。原担子 50 ～ 80 μm × 6 ～ 10 μm，叉状，基部有锁状联合。担孢子 25 ～ 35 μm × 8 ～ 12 μm，弯椭圆形，有 1 至多个横隔。菌肉菌丝直径 2 ～ 5 μm，有锁状联合。不育面由近栅状排列的厚壁菌丝组成。

生　　境：夏秋季生于腐木上。

分　　布：分布于我国大部分地区。

葡萄状黑耳 *Exidia uvapassa*

学　　名：***Exidia uvapassa* Lloyd**, in Yasuda, *Mycol. Writ.* (Cincinnati) 5(Letter 54): 774 (1918)

同物异名：无。

中文俗名：玉木耳，珠木耳，珠形黑耳。

分类地位：真菌界 Fungi，担子菌门 Basidiomycota，蘑菇纲 Agaricomycetes，木耳目 Auriculariales，木耳科 Auriculariaceae。

形态特征：子实体一年生；胶质；新鲜时多为近球形并平伏生长，在合适的环境下子实体也可成盾形或耳形立；呈乳白色至浅褐色；光泽；在失去水分后子实体表面出现皱褶，但鲜少开裂；单独的子实体宽 3 ~ 4 cm；环境允许情况下，子实体能够长满寄主枝条，但鲜少连成一片。担子近球形或卵圆形，也可见少量成梭形的担子；纵分隔形成 4 细胞；担子基部不常见去核化的柄，若有，柄较粗且长度一般不超过担子的 1/5；(11.7 ~)12.5 ~ 15.6(~ 16.8) μm × (9.0 ~)10.6 μm ~ 13.8(~ 15.0) μm。担孢子肾形至腊肠形，顶端鲜少具一小尖；薄壁；嗜蓝；非淀粉质。

生　　境：群生于阔叶林中阔叶树树枝上。

分　　布：分布于北京、四川、甘肃、陕西、黑龙江、河南、内蒙古等地。

用　　途：可食。

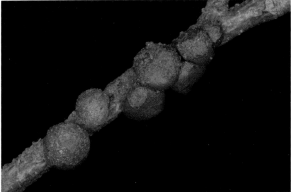
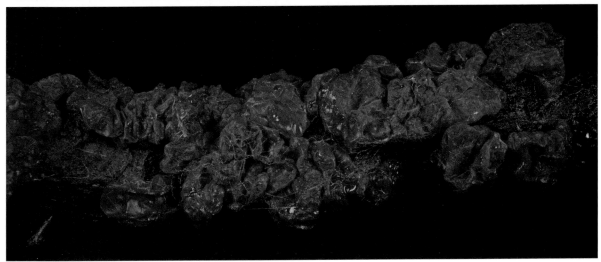

茶暗银耳 *Phaeotremella foliacea*

学　　名：***Phaeotremella foliacea* (Pers.) Wedin, J.C. Zamora & Millanes**, *Mycosphere* 7(3): 296 (2016)

同物异名：≡ ***Exidia foliacea* (Pers.) P. Karst**., *Bidr. Känn. Finl. Nat. Folk* 48: 449 (1889)

分类地位：真菌界 Fungi，担子菌门 Basidiomycota，银耳纲 Tremellomycetes，银耳目 Tremellales，银耳科 Tremellaceae。

形态特征：子实体直径 3 ～ 8 cm，近球形，由叶状至花瓣状分枝组成，茶褐色至淡肉桂色，顶端平钝，无凹缺。菌肉稍胶质，白色，干后变硬。菌柄阙如或短。下担子 12 ～ 20 μm × 10 ～ 16 μm，十字纵裂。担孢子 8 ～ 10 μm × 6.5 ～ 8.0 μm，卵形至近球形，光滑。

生　　境：夏秋季生于林中阔叶树腐木上。

分　　布：分布于我国大部分地区。

用　　途：可食。

第三章

珊瑚菌

CHAPTER III
CORAL FUNGI

杯密瑚菌 *Artomyces pyxidatus*

学　　名：***Artomyces pyxidatus*** (**Pers.**) **Jülich**，*Biblthca Mycol.* 85: 399 (1982)

同物异名：≡ ***Clavaria pyxidata* Pers.**，*Neues Mag. Bot.* 1: 117 (1794)

　　　　　≡ ***Clavicorona pyxidata*** (**Pers.**) **Doty**，*Lloydia* 10: 43 (1947)

分类地位：真菌界 Fungi，担子菌门 Basidiomycota，蘑菇纲 Agaricomycetes，红菇目 Russulales，耳匙菌科 Auriscalpiaceae。

形态特征：子实体高 4 ~ 10 cm，宽 2 ~ 10 cm，珊瑚状，初期乳白色，渐变为黄色、米色至淡褐色，后期呈褐色，表面光滑。主枝 3 ~ 5 条，直径 2 ~ 3 mm，肉质。分枝 3 ~ 5 回，每一分枝处的所有轮状分枝构成一环状结构，分枝顶端凹陷具 3 ~ 6 个突起，初期乳白色至黄白色，后期呈棕褐色。柄状基部长 1 ~ 3 cm，直径达 1 cm，近圆柱形、初期白色，渐变粉红色至褐色。菌肉污白色。担孢子 4 ~ 5 μm × 2 ~ 3 μm，椭圆形，表面具微小的凹痕，无色，淀粉质。

生　　境：夏秋季散生于针阔混交林中腐木上。

分　　布：分布于我国大部分地区。

用　　途：可食。

梭形拟锁瑚菌 *Clavulinopsis fusiformis*

学　　名：***Clavulinopsis fusiformis* (Sowerby) Corner**, *Monograph of Clavaria and allied Genera*, (Annals of Botany Memoirs No. 1): 367 (1950)

同物异名：≡ ***Clavaria fusiformis* Sowerby**, *Col. fig. Engl. Fung. Mushr.* (London) 2(no. 18): tab. 234 (1799)

分类地位：真菌界 Fungi，担子菌门 Basidiomycota，蘑菇纲 Agaricomycetes，蘑菇目 Agaricales，珊瑚菌科 Clavariaceae。

形态特征：子实体高 5 ~ 10 cm，直径 2 ~ 7 mm，近梭形，鲜黄色，顶端钝，下部渐成菌柄，不分枝，簇生。菌柄阙如或不明显。菌肉淡黄色，伤不变色。担子 40 ~ 60 μm × 6 ~ 10 μm。担孢子 7 ~ 9 μm × 6 ~ 7 μm，宽椭圆形，表面光滑。

生　　境：夏秋季生于针阔混交林中地上。

分　　布：分布于我国华中、华南、华北等地区。

用　　途：可食。

冷杉暗锁瑚菌 *Phaeoclavulina abietina*

学　　名：***Phaeoclavulina abietina* (Pers.) Giachini**, *Mycotaxon* 115: 189 (2011)

同物异名：≡ ***Clavaria abietina* Pers.**, *Neues Mag. Bot.* 1: 117 (1794)

　　　　　≡ ***Clavaria ochraceovirens* Jungh.**, *Linnaea* 5: 407 (1830)

　　　　　≡ ***Ramaria abietina* (Pers.) Quél.**, *Fl. mycol. France* (Paris): 467 (1888)

分类地位：真菌界 Fungi，担子菌门 Basidiomycota，蘑菇纲 Agaricomycetes，钉菇目 Gomphales，钉菇科 Gomphaceae。

形态特征：子实体高 5.0 ～ 7.5 cm，宽 3 ～ 5 cm，整体近球形至倒圆锥形。菌柄长 0.5 ～ 1.5 cm，直径 1 ～ 2 cm，较粗壮，从基质中的菌丝束中发出，分叉为数个分枝，上部黄褐色，下部白色，伤后变蓝绿色。主枝长 1 ～ 4 cm，直径 0.5 ～ 1.0 cm，黄褐色或橄榄绿色。分枝 3 ～ 5 回，枝顶钝，二叉分枝或多歧分枝，黄褐色或橄榄绿色，伤后变蓝绿色。担孢子 7 ～ 9 μm × 3.5 ～ 4.5 μm，泪滴形或卵圆形，有小尖刺。

生　　境：秋季单个或丛生于针叶林中落叶层上。

分　　布：分布于我国东北、西北、华北地区。

用　　途：可食；夏味苦，不宜食用。

密枝瑚菌 *Ramaria stricta*

学　　名：***Ramaria stricta* (Pers.) Quél.**, *Fl. mycol. France* (Paris): 464 (1888)

同物异名：≡ ***Clavaria stricta* Pers.**, *Ann. Bot. (Usteri)* 15: 33 (1795)

分类地位：真菌界 Fungi，担子菌门 Basidiomycota，蘑菇纲 Agaricomycetes，钉菇目 Gomphales，钉菇科 Gomphaceae。

形态特征：子实体高 5 ～ 12 cm，宽 4 ～ 7 cm，近肤色，淡黄色或土黄色，带紫色调，干燥后黄褐色。菌柄长 2 ～ 6 cm，明显，淡黄色，向上不规则二叉状分枝。小枝细而密，直立，尖端具 2 ～ 3 个细齿，浅黄色。菌肉白色，内实，味道微辣，有时带有芳香味。担孢子 6.5 ～ 10.2 μm × 3.6 ～ 5.0 μm，椭圆形，近光滑或稍粗糙，淡黄褐色。

生　　境：夏秋季群生于阔叶林中腐木上。

分　　布：分布于我国东北、华北、青藏高原等地区。

用　　途：可食。

结节胶瑚菌 *Tremellodendropsis tuberosa*

学　　名：***Tremellodendropsis tuberosa* (Grev.) D.A. Crawford**, *Trans. & Proc. Roy. Soc. N.Z.* 82: 619 (1954)

同物异名：≡ ***Merisma tuberosum* Grev.**, *Scott. crypt. fl.* (Edinburgh) 3: 178 (1824)

　　　　　≡ ***Aphelaria tuberosa* (Grev.) Corner**, *Monograph of Clavaria and allied Genera*, (Annals of Botany Memoirs No. 1): 192 (1950)

分类地位：真菌界 Fungi，担子菌门 Basidiomycota，蘑菇纲 Agaricomycetes，胶瑚菌目 Tremellodendropsidales，珊瑚银耳科 Tremellodendropsidaceae。

形态特征：子实体高 3 ～ 7 cm，直径 2 ～ 5 mm，珊瑚状，菌柄白色至淡灰色，基部有白色菌丝体。分枝两侧压扁，米色至淡黄色，顶端钝，两侧压扁，白色。菌肉白色，质地较硬。担子 70 ～ 110 μm × 12 ～ 16 μm，顶部十字纵裂。担孢子 14 ～ 20 μm × 6 ～ 8 μm，近杏仁形至种子形，表面光滑。

生　　境：夏秋季生于林中地上。

分　　布：分布于我国大部分地区。

第四章

多孔菌、齿菌及革菌

CHAPTER IV
POLYPORDID, HYDNACEOUS & THELEPHOROID FUNGI

小褐薄孔菌 *Brunneoporus malicola*

学　　名：***Brunneoporus malicola*** **(Berk. & M.A. Curtis) Audet** [as '*malicolus*'], *Mushrooms nomenclatural novelties* 2: [1] (2017)

同物异名：≡ ***Antrodia malicola*** **(Berk. & M.A. Curtis) Donk**, *Persoonia* 4(3): 339 (1966)

分类地位：真菌界 Fungi，担子菌门 Basidiomycota，蘑菇纲 Agaricomycetes，多孔菌目 Polyporales，拟层孔菌科 Fomitopsidaceae。

形态特征：子实体一年生，无柄，单生或覆瓦状叠生，新鲜时无臭无味，木栓质，干后硬木栓质。菌盖半圆形，单个菌盖外伸可达 2 cm，宽可达 3 cm，厚可达 7 mm；表面新鲜时淡黄色至黄褐色，干后土黄色至黄褐色；边缘锐，淡黄色至黄褐色。孔口表面淡黄褐色或土黄色至黄褐色，具折光反应；不规则形、圆形或近圆形至多角形，每毫米 2～3 个；边缘薄，全缘。不育边缘明显，奶油色至淡黄褐色，宽可达 5 mm。菌肉奶油色至浅黄褐色，木栓质，厚可达 2 mm。菌管单层，淡黄褐色，新鲜时木栓质，干后木质，长可达 7.0 mm。担孢子 7.0～8.5 μm × 3～4 μm，圆柱形至椭圆形，无色，薄壁，光滑，非淀粉质，不嗜蓝。

生　　境：夏秋季生于阔叶树的活立木、倒木及储木上，造成木材褐色腐朽。

分　　布：全国各地均有分布。

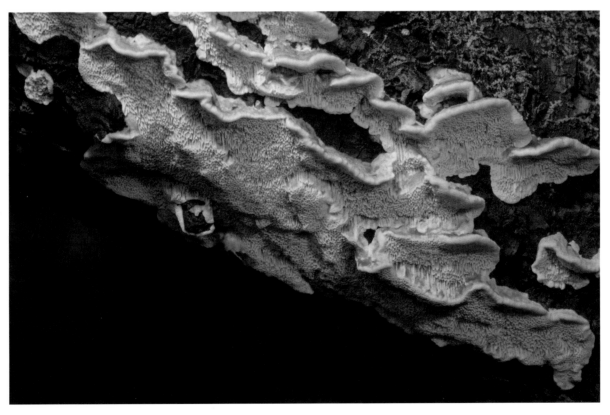

柔蜡孔菌 *Cerioporus mollis*

学　　名：***Cerioporus mollis* (Sommerf.) Zmitr. & Kovalenko**, *International Journal of Medicinal Mushrooms* (Redding) 18(1): 33 (2016)

同物异名：≡ ***Daedalea mollis* Sommerf.**, *Suppl. Fl. lapp.* (Oslo): 271 (1826)

　　　　　≡ ***Cerrena mollis* (Sommerf.) Zmitr.**, *Mycena* 1(1): 91 (2001)

　　　　　≡ ***Datronia mollis* (Sommerf.) Donk**, *Persoonia* 4(3): 338 (1966)

分类地位：真菌界 Fungi，担子菌门 Basidiomycota，蘑菇纲 Agaricomycetes，多孔菌目 Polyporales，多孔菌科 Polyporaceae。

形态特征：子实体一年生，平伏反卷，木栓质。菌盖半圆形，外伸可达 5 cm，宽可达 8 cm，厚可达 6 mm；表面深褐色至近黑色，具同心环带；边缘锐，干后稍内卷。孔口表面浅灰褐色至污褐色；圆形至不规则形，每毫米 1～2 个；边缘薄，全缘或撕裂状。不育边缘明显，宽可达 1.5 mm。菌肉淡褐色或浅黄褐色，异质，上层为绒毛层，下层为菌肉层，厚可达 1 mm，层间具一条黑线。菌管单层，长可达 3 mm。担孢子 6.5～9.0 μm × 2.5～3.5 μm，圆柱形，无色，薄壁，光滑，非淀粉质，不嗜蓝。

生　　境：春季至秋季生于榕树等阔叶树倒木上，造成木材白色腐朽。

分　　布：分布于我国东北、华北、西北和华中地区。

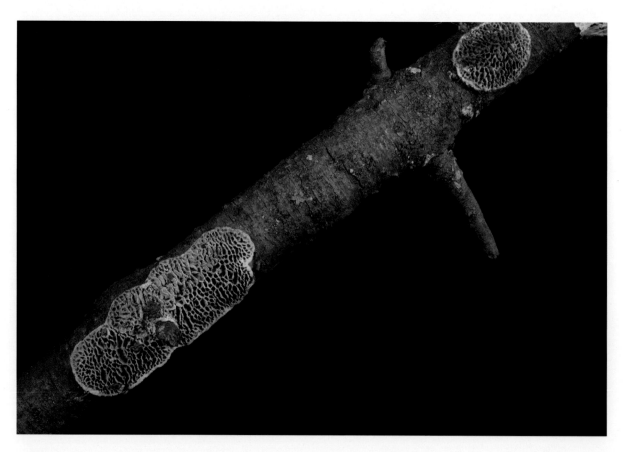

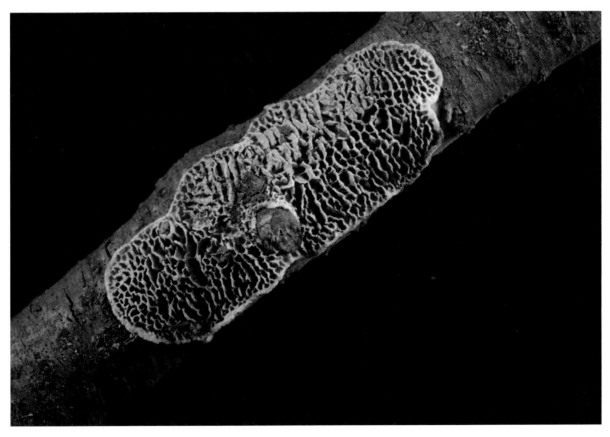

鳞蜡孔菌 *Cerioporus squamosus*

学　　名： ***Cerioporus squamosus*** **(Huds.) Quél.**, *Enchir. fung.* (Paris): 167 (1886)

同物异名： ≡ ***Boletus squamosus* Huds.**, *Fl. Angl.*, Edn 2 2: 626 (1778)

　　　　　　≡ ***Polyporus squamosus*** **(Huds.) Fr.**, *Syst. mycol.* (Lundae) 1: 343 (1821)

中文俗名： 宽鳞多孔菌、宽鳞大孔菌。

分类地位： 真菌界 Fungi，担子菌门 Basidiomycota，蘑菇纲 Agaricomycetes，多孔菌目 Polyporales，多孔菌科 Polyporaceae。

形态特征： 子实体一年生，具侧生短柄或近无柄，覆瓦状叠生，肉质至革质。菌盖圆形或扇形，直径可达 40 cm，厚可达 4 cm；表面近白色、乳黄色至浅黄褐色，被暗褐色或红褐色鳞片；边缘锐，新鲜时波状，干后略内卷。孔口表面白色至黄褐色；多角形，每毫米 0.5 ～ 1.5 个；边缘薄，撕裂状。菌肉白色至奶油色，厚可达 30 mm。菌管与孔口表面同色，长可达 10 mm。菌柄基部黑色，被绒毛，通常被下延的菌管覆盖，长可达 5 cm，直径可达 20 mm。担孢子 13 ～ 16 μm × 4.5 ～ 5.6 μm，广圆柱形或略纺锤形，顶部渐窄，无色，薄壁，光滑，非淀粉质，不嗜蓝。

生　　境： 夏秋季生于柳、杨、榆、槐、洋槐等多种阔叶树活立木、死树、倒木和树桩上，造成木材白色腐朽。

分　　布： 分布于我国东北、华北、华中和西北地区。

用　　途： 幼时可食，老后木质化不宜食用；药用。

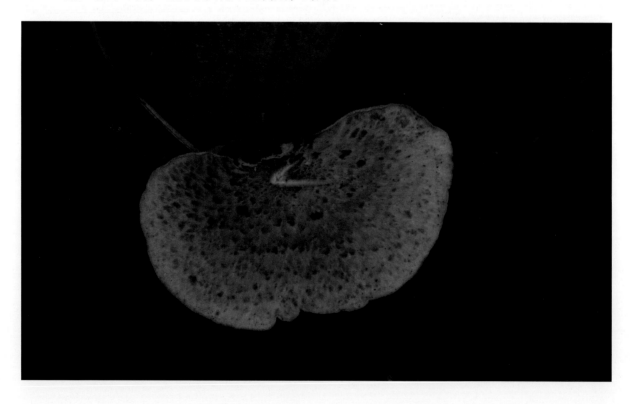

肉色迷孔菌 *Daedalea dickinsii*

学　　名：***Daedalea dickinsii* Yasuda**, *Bot. Mag.,* Tokyo 36: 128 (Jap. sect.) (1922)

同物异名：≡ ***Trametes dickinsii* Berk**. **ex Cooke**, *Grevillea* 19(no. 92): 100 (1891)

分类地位：真菌界 Fungi，担子菌门 Basidiomycota，蘑菇纲 Agaricomycetes，多孔菌目 Polyporales，拟层孔菌科 Fomitopsidaceae。

形态特征：子实体多年生，无柄，覆瓦状叠生，木栓质。菌盖半 10cm，宽可达 20 cm，中部厚可达 5 cm；圆形，表面浅黄色至深黑褐色，光滑，具同心环带和不明显的放射状纵条纹，有时具小疣和瘤状突起；边缘锐或略钝，孔口表面浅黄褐色至深褐色至浅黄褐色；近圆形、多角形、迷宫状至几乎褶状，每毫米 1～2 个；边缘薄或厚，全缘。不育边缘明显，宽可达 2 mm。菌肉肉色至浅黄褐色，厚可达 25 mm。菌管单层或多层，与菌肉同色。担孢子 4.8～6 μm × 2～3 μm，圆柱形，无色，薄壁，光滑，非淀粉质，不嗜蓝。

生　　境：春季至秋季生于栎树无皮倒木上，造成木材褐色腐朽。

分　　布：分布于我国东北、华北、华中和西北地区。

用　　途：药用。

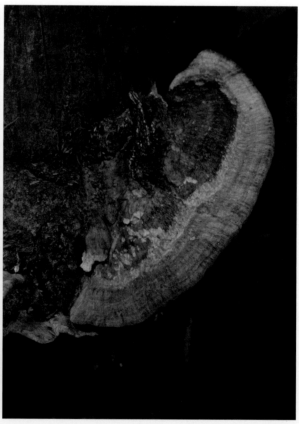

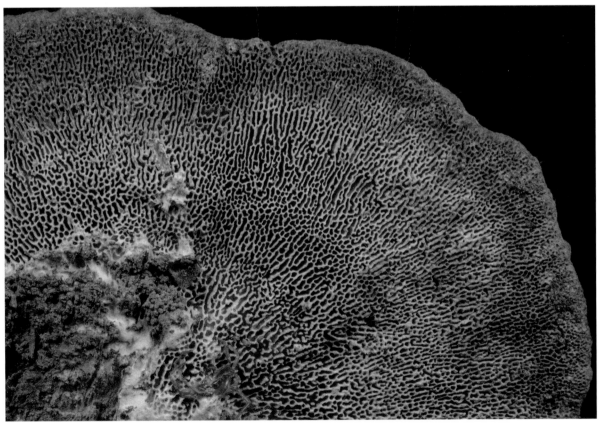

粗糙拟迷孔菌 *Daedaleopsis confragosa*

学　　名：***Daedaleopsis confragosa*** (Bolton) J. Schröt., in Cohn, *BKrypt.-Fl. Schlesien* (Breslau) 3.1(25–32): 492 (1888)

同物异名：≡ ***Boletus confragosus*** Bolton, *Hist. fung. Halifax*, App. (Huddersfield) 3: 160 (1792)

分类地位：真菌界 Fungi，担子菌门 Basidiomycota，蘑菇纲 Agaricomycetes，多孔菌目 Polyporales，多孔菌科 Polyporaceae。

形态特征：子实体一年生，覆瓦状叠生，木栓质。菌盖半圆形至贝壳形，外伸可达 7 cm，宽可达 16 cm，中部厚可达 2.5 cm；表面浅黄色至褐色，初期被细绒毛，后期光滑，具同心环带和放射状纵条纹，有时具疣突；边缘锐。孔口表面奶油色至浅黄褐色；近圆形、长方形、迷宫状或齿裂状，有时褶状，每毫米 1 个；边缘薄，锯齿状。不育边缘窄，奶油色，宽可达 0.5 mm。菌肉浅黄褐色，厚可达 15 mm。菌管与菌肉同色，长可达 10 mm。担孢子 6.1 ～ 7.8 μm × 1.2 ～ 1.9 μm，圆柱形，略弯曲，无色，薄壁，光滑，非淀粉质，不嗜蓝。

生　　境：夏秋季生于柳树的活立木和倒木上造成木材白色腐朽。

分　　布：全国各地均有分布。

中国拟迷孔菌 *Daedaleopsis sinensis*

学　　名：***Daedaleopsis sinensis* (Lloyd) Y.C. Dai**, *Fungal Science*, Taipei 11(3, 4): 90 (1996)

同物异名：≡ ***Daedalea sinensis* Lloyd**, *Mycol. Writ.* 7(Letter 66): 1112 (1922)

　　　　　≡ ***Trametes sinensis* (Lloyd) Ryvarden**, *Mycotaxon* 35(2): 231 (1989)

分类地位：真菌界 Fungi，担子菌门 Basidiomycota，蘑菇纲 Agaricomycetes，多孔菌目 Polyporales，多孔菌科 Polyporaceae。

形态特征：子实体一年生，无柄，木栓质。菌盖半圆形，外伸可达 6 cm，宽可达 11 cm，厚可达 4 cm；表面肉红色或黄褐色，被细绒毛，具明显的同心环带，有时具瘤状突起；边缘锐。孔口表面新鲜时奶油色，干后淡黄色至浅黄褐色；圆形或多角形，每毫米 1 ～ 2 个；边缘薄，全缘或强烈撕裂状。不育边缘不明显或几乎无。菌肉奶油色至浅黄色木栓质，厚可达 20 mm。菌管与菌肉同色，木栓质，长可达 20 mm。担孢子 4.9 ～ 6.0 μm × 1.6 ～ 1.8 μm，圆柱形，略弯曲，无色，薄壁，光滑，非淀粉质，不嗜蓝。

生　　境：秋季生于赤杨上，造成木材白色腐朽。

分　　布：分布于我国东北和华北地区。

三色拟迷孔菌 *Daedaleopsis tricolor*

学　　名：***Daedaleopsis tricolor*** **(Bull.) Bondartsev & Singer**, *Annls mycol.* 39(1): 64 (1941)

同物异名：≡ ***Trametes tricolor*** **(Bull.) Lloy**d, *Mycol. Writ.* (Cincinnati) 6(Letter 64): 998 (1920)

分类地位：真菌界 Fungi，担子菌门 Basidiomycota，蘑菇纲 Agaricomycetes，多孔菌目 Polyporales，多孔菌科 Polyporaceae。

形态特征：子实体一年生，覆瓦状叠生，盖形，无柄，木栓质。菌盖半圆形外伸可达 5 cm，宽可达 10 cm，基部厚可达 1 cm；表面灰褐色至红褐色，光滑，具同心环带；边缘锐，与菌盖表面同色。子实层体灰褐色栗褐色，初期呈不规则孔状，每毫米 1～2 个菌管；成熟后呈褶状，有时二叉分枝，每毫米 1～2 个。菌肉浅褐色，木栓质，厚可达 1 mm。菌褶颜色比子实层稍浅，木栓质，厚可达 9 mm。担孢子 6.9～9.1 μm × 2.1～2.5 μm，圆柱形，无色，薄壁，光滑，非淀粉质，不嗜蓝。

生　　境：春季至秋季生于多种活叶树的死树、倒木、树桩和落枝上，造成木材白色腐朽。

分　　布：全国各地区均有分布。

用　　途：药用。

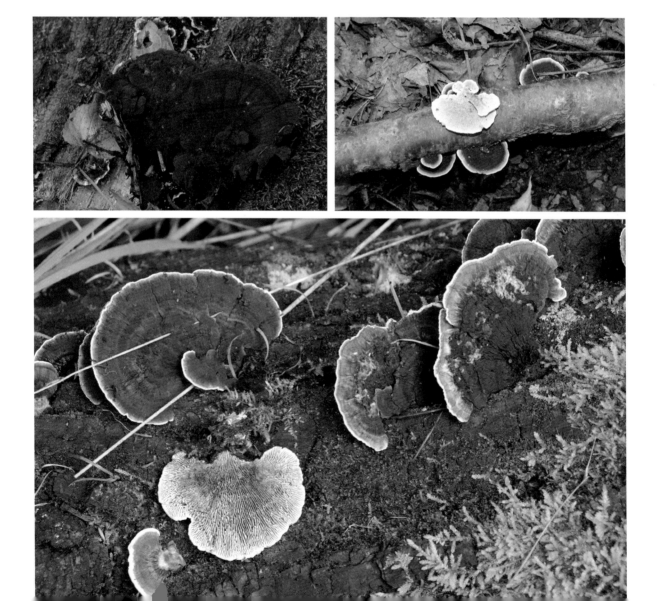

亚牛排菌 *Fistulina subhepatica*

学　　名：***Fistulina subhepatica* B.K. Cui & J. Song**, in Song, Han & Cui, *Mycotaxon* 130(1): 49 (2015)

同物异名：无。

中文俗名：亚牛舌菌。

分类地位：真菌界 Fungi，担子菌门 Basidiomycota，蘑菇纲 Agaricomycetes，蘑菇目 Agaricales，牛排菌科 Fistulinaceae。

形态特征：子实体一年生，无柄或具侧生柄，新鲜时肉质，伤后有血红色汁液流出，具特殊气味。菌盖近圆形至牛舌形，直径可达 20 cm，基部厚可达 6 cm；表面新鲜时红褐色、粉褐色至紫褐色，被细小绒毛或栉状鳞片，干后具放射状褶皱。孔口表面新鲜时白色，触摸后变为灰褐色至黑色，干后变暗褐色；为独立、成簇聚集、易于剥离的小管，每毫米 6～9 个；边缘厚，全缘。菌肉红色，具条纹斑痕，厚可达 5 cm。菌管新鲜时白色至黄白色，干后褐色，长可达 1 cm。担孢子 4～6 μm × 3～4.5 μm，宽椭圆形至近球形，无色，壁稍厚，光滑，非淀粉质，嗜蓝。

生　　境：春季至秋季生于壳斗科树的死树上，造成木材褐色腐朽。

分　　布：分布于我国华北、华中、华南地区。

用　　途：食药兼用。

木蹄层孔菌 *Fomes fomentarius*

学　　名：***Fomes fomentarius* (L.) Fr.**, *Summa veg. Scand.*, Sectio Post. (Stockholm): 321 (1849)

同物异名：≡ ***Boletus fomentarius* L.**, *Sp. pl.* 2: 1176 (1753)

分类地位：真菌界 Fungi，担子菌门 Basidiomycota，蘑菇纲 Agaricomycetes，多孔菌目 Polyporales，多孔菌科 Polyporaceae。

形态特征：子实体多年生，马蹄形，木质。菌盖半圆形，外伸达 20 cm，宽可达 30 cm，中部厚可达 12 cm；表面灰色至灰黑色具同心环带和浅的环沟；边缘钝，浅褐色孔口表面褐色；圆形，每毫米 3 ~ 4 个；边缘厚，全缘。不育边缘明显宽可达 5 mm。菌肉浅黄褐色或锈褐色，厚可达 5 cm，上表面具一明显且厚的皮壳，中部与基部着生处具一明显的菌核。菌管浅褐色，长可达 7 cm，分层明显，层间有时具白色的菌丝束。担孢子 18 ~ 21 μm × 5.0 ~ 5.7 μm，圆柱形，无色，薄壁，光滑，非淀粉质，不嗜蓝。

生　　境：春季至秋季生于多种阔叶树的活立木和倒木上，造成木材白色腐朽。

分　　布：分布于我国东北、华北、华中、青藏高原和西北地区。

用　　途：药用。

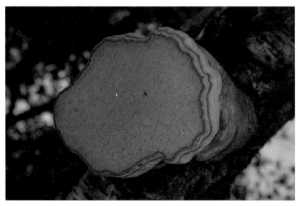

桦拟层孔菌 *Fomitopsis betulina*

学　　名：***Fomitopsis betulina* (Bull.) B.K. Cui, M.L. Han & Y.C. Dai**, in Han, Chen, Shen, Song, Vlasák, Dai & Cui, *Fungal Diversity* 80: 359 (2016)

同物异名：≡ ***Boletus betulinus* Bull**., *Herb. Fr.* (Paris) 7: tab. 312 (1788) [1787-88]

　　　　　≡ ***Piptoporus betulinus* (Bull**.) **P**. **Karst**., *Revue mycol.*, Toulouse 3(no. 9): 17 (1881)

分类地位：真菌界 Fungi，担子菌门 Basidiomycota，蘑菇纲 Agaricomycetes，多孔菌目 Polyporales，拟层孔菌科 Fomitopsidaceae。

形态特征：子实体一年生，具侧生短柄或无柄，肉革质至木栓质。菌盖半圆形或圆形，直径可达 20 cm，中部厚可达 4 cm；表面新鲜时乳白色，干后乳褐色或黄褐色；边缘钝。孔口表面新鲜时乳白色，干后稻草色或浅褐色；近圆形，每毫米 5 ~ 7 个；边缘薄，全缘。菌肉奶油色，干后强烈收缩，海绵质或软木栓质，厚可达 3.5 cm，上表面具一浅褐色皮壳。菌管与孔口表面同色，干后硬纤维质，长可达 5 mm。菌柄新鲜时奶油色，干后黄褐色，光滑，长可达 3 cm，直径可达 3 cm。担孢子 4.3 ~ 5.0 μm × 1.5 ~ 2 μm，圆柱形，弯曲，有时腊肠形，无色，薄壁，非淀粉质，不嗜蓝。

生　　境：夏秋季单生于桦树活立木和倒木上，造成木材褐色腐朽。

分　　布：分布于我国东北、华北、西北和青藏高原地区。

用　　途：药用。

树舌灵芝 *Ganoderma applanatum*

学　　名：***Ganoderma applanatum*** **(Pers.) Pat.**, *Hyménomyc. Eur.* (Paris): 143 (1887)

同物异名：≡ ***Boletus applanatus*** **Pers.**, *Observ. mycol.* (Lipsiae) 2: 2 (1800)

分类地位：真菌界 Fungi，担子菌门 Basidiomycota，蘑菇纲 Agaricomycetes，多孔菌目 Polyporales，多孔菌科 Polyporaceae。

形态特征：子实体多年生，无柄，单生或覆瓦状叠生，木栓质。菌盖半圆形，外伸可达 28 cm，宽可达 55 cm，基部厚可达 9 cm；　表面锈褐色至灰褐色，具明显的环沟和环带；边缘圆，钝，奶油色至浅灰褐色。孔口表面灰白色至淡褐色；圆形，每毫米 4～7 个；边缘厚，全缘。菌肉新鲜时浅褐色，厚可达 3 cm。菌管褐色，长可达 6 cm，有时具白色菌丝束。担孢子 6～8.5 μm×4.5～6.0 μm，广卵圆形，顶端平截，淡褐色至褐色，双层壁，外壁无色、光滑，内壁具小刺，非淀粉质，嗜蓝。

生　　境：春季至秋季生于多种阔叶树的活立木、倒木及腐木上，造成木材白色腐朽。

分　　布：分布于我国东北、华北、华中和西北地区。

用　　途：药用；可栽培。

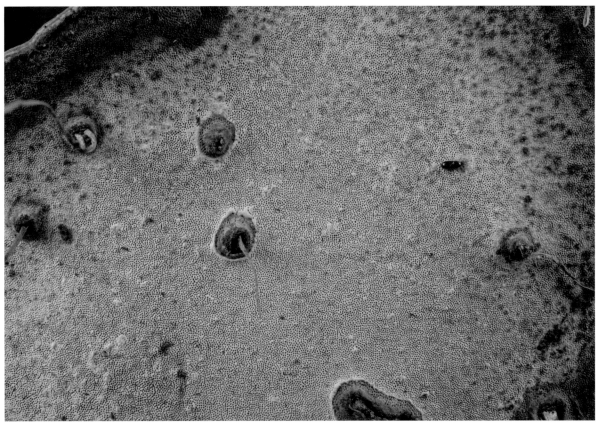

有柄灵芝 *Ganoderma gibbosum*

学　　名：***Ganoderma gibbosum*** **(Blume & T. Nees) Pat.**, *Annales du Jardin Botanique de Buitenzorg Suppl.* 1: 114 (1897)

同物异名：≡ ***Polyporus gibbosus*** **Blume & T. Nees**, *Nova Acta Academiae Caesareae Leopoldino-Carolinae Germanicae Naturae Curiosorum* 13: 19, t. 4:1-4 (1826)

分类地位：真菌界 Fungi，担子菌门 Basidiomycota，蘑菇纲 Agaricomycetes，多孔菌目 Polyporales，多孔菌科 Polyporaceae。

形态特征：子实体多年生，具侧生柄，具甜香味，干后木栓质至木质。菌盖近圆形，直径可达 11 cm，中部厚可达 3.5 cm；表面被一皮壳，污褐色至锈褐色，具明显的同心环纹和环沟。孔口表面奶油色至浅黄绿色；圆形，每毫米 3～5 个；边缘薄，全缘。不育边缘明显，奶油色，宽可达 2 mm。菌肉异质，上层浅黄褐色，下层褐色，具黑色骨质夹层，厚可达 6 mm。菌管褐色，单层长可达 1.6 cm。菌柄与菌盖同色，具瘤状突起，长可达 11.5 cm，直径可达 2.6 cm。担孢子 7.0～9.1 μm×6.5～8 μm，卵圆形，顶端平截，外壁无色，内壁浅黄色至橙黄色，遍布小刺，非淀粉质，嗜蓝。

生　　境：分布于我国华南、华北等地区。

分　　布：春季至秋季单生于阔叶树树桩上，造成木材白色腐朽。

篱边粘褶菌 *Gloeophyllum sepiarium*

学　　名： ***Gloeophyllum sepiarium*** **(Wulfen) P. Karst.** [as '*Gleophyllum*'], *Bidr. Känn. Finl. Nat. Folk* 37: 79 (1882)

同物异名： ≡ ***Lenzitina sepiaria*** **(Wulfen) P**. **Karst**. [as '*sæpiaria*'], *Bidr. Känn. Finl. Nat. Folk* 48: 338 (1889)

分类地位： 真菌界 Fungi，担子菌门 Basidiomycota，蘑菇纲 Agaricomycetes，褐褶菌目 Gloeophyllales，褐褶菌科 Gloeophyllaceae。

形态特征： 子实体一年生或多年生，无柄，覆瓦状叠生，革质。菌盖扇形、外伸可达 5 cm，宽可达 15 cm，基部厚可达 7 mm；表面黄褐色至黑色，粗糙，具瘤状突起，具明显的同心环纹和环沟；边缘锐。子实层体生长活跃的区域浅黄褐色，后期金黄色或赭色，具褶状或不规则的孔状。不育边缘明显，宽可达 2 mm。菌肉棕褐色，厚可达 3 mm。菌褶每毫米 1～2 个，边缘略呈撕裂状；成孔状的区域每毫米 2～3 个；侧面灰褐色至淡棕黄色，宽可达 5 mm。担孢子 7.9～10.5 μm × 3.0～3.7 μm，圆柱形，无色，薄壁，光滑，非淀粉质，不嗜蓝。

生　　境： 夏秋季生于多种针叶树的倒木上，造成木材褐色腐朽。

分　　布： 分布于我国东北、华北、华中、华南、西北和青藏高原地区。

贝叶奇果菌 *Grifola frondosa*

学　　名：***Grifola frondosa* (Dicks.) Gray**, *Nat. Arr. Brit. Pl.* (London) 1: 643 (1821)

同物异名：≡ ***Boletus frondosus* Dicks**., *Fasc. pl. crypt. brit.* (London) 1: 18 (1785)

中文俗名：灰树花。

分类地位：菌界 Fungi，担子菌门 Basidiomycota，蘑菇纲 Agaricomycetes，多孔菌目 Polyporales，奇果菌科 Grifolaceae。

形态特征：子实体一年生，具柄，柄从基部分枝形成许多具侧生柄的菌盖，覆瓦状叠生或连生，新鲜时肉质，干后软木质。菌盖扇形、贝壳形至花瓣形，外伸可达 7 cm，宽可达 8 cm，厚可达 0.7 cm；表面灰白色至浅褐色，光滑，具不明显放射状条纹，无同心环带；边缘与菌盖表面同色，波状，干后下卷。孔口表面白色至奶油色；形状不规则，每毫米 2～3 个；边缘薄，撕裂状。菌肉白色至奶油色，厚可达 4 mm。菌管与孔口表面同色，延生至菌柄上部，长可达 3 mm。菌柄多分枝，奶油色，长可达 8 cm，直径可达 1.5 cm。担孢子 5.2～6.7 μm × 3.8～4.2 μm，卵圆形至椭圆形，无色，薄壁，光滑，非淀粉质，不嗜蓝。

生　　境：夏秋季生于多种阔叶树基部，尤其以蒙古栎上最为常见，造成木材白色腐朽。

分　　布：分布于我国东北、华北等地区。

用　　途：食药兼用；可人工栽培。

猴头菌 *Hericium erinaceus*

学　　名：***Hericium erinaceus* (Bull.) Pers.**, *Comm. fung. clav.* (Lipsiae): 27 (1797)

同物异名：≡ ***Hydnum erinaceus* Bull.**, *Herb. Fr.* (Paris) 1: tab. 34 (1781)

分类地位：菌界 Fungi，担子菌门 Basidiomycota，蘑菇纲 Agaricomycetes，红菇目 Russulales，猴头菌科 Hericiaceae。

形态特征：子实体一年生，无柄或具非常短的侧生柄，新鲜时肉质，后期软革质，无臭无味，干燥后奶酪质或软木栓质，略具馊味。菌盖近球形，直径可达 25 cm；表面雪白色至乳白色，后期浅乳黄色，干后木材色，具微绒毛，干后粗糙，无同心环纹。菌齿表面新鲜时雪白色或奶油色，干后黄褐色，强烈收缩；圆柱形，基部向顶部渐尖，新鲜时肉质，干后硬纤维质，长达 10 mm，每毫米 1 ~ 2 个。菌肉干后木材色，奶酪质或软木栓质，具穴孔，无环区，厚可达 10 cm。菌柄白色或乳白色，干后软木栓质，长可达 2 cm，直径达 2 cm。担孢子 5.8 ~ 7.0 μm × 4.8 ~ 5.9 μm，椭圆形，无色，厚壁，表面具细小疣突，淀粉质，嗜蓝。

生　　境：夏秋季通常单生有时数个连生于阔叶树上，造成木材白色腐朽。

分　　布：分布于我国东北、华北、青藏高原和西北地区。

用　　途：食药兼用；已成为重要栽培食用菌。

辐裂毛孔菌 *Hydnoporia tabacina*

学　　名：***Hydnoporia tabacina* (Sowerby) Spirin, Miettinen & K.H. Larss**., in Miettinen, Larsson & Spirin, *Fungal Systematics and Evolution* 4: 93 (2019)

同物异名：≡ ***Hymenochaete tabacina* (Sowerby) Lév**., *Annls Sci. Nat.*, Bot., sér. 3 5: 145 (1846)

　　　　　≡ ***Hymenochaetopsis tabacina* (Sowerby) S.H. He & Jiao Yang**, in Yang, Dai & He, *Mycol. Progr.* 15(2/13): 13 (2016)

分类地位：真菌界 Fungi，担子菌门 Basidiomycota，蘑菇纲 Agaricomycetes，刺革菌目 Hymenochaetales，刺革菌科 Hymenochaetaceae。

形态特征：子实体一年生，平伏至反卷或无柄，覆瓦状叠生，软革质。菌盖半圆形，外伸可达 1.5 cm，宽可达 3 cm，基部厚可达 1 mm；表面蜜褐色至黑褐色，具同心环沟或环带，具瘤状突起；边缘波状，奶油色或棕黄色，干后内卷。子实层体表面浅黄色至紫褐色，光滑，具瘤状物。不育边缘明显，奶油色至浅黄色。担孢子 4.8 ～ 6.1 μm × 1.6 ～ 2 μm，圆柱形或近腊肠形，无色，薄壁，光滑，非淀粉质，不嗜蓝。

生　　境：夏秋季生于阔叶树倒木上，造成木材白色腐朽。

分　　布：分布于我国东北、华北、华中、青藏高原和西北地区。

帽状刺革菌 *Hymenochaete xerantica*

学　　名：***Hymenochaete xerantica* (Berk.) S.H. He & Y.C. Dai**, *Fungal Diversity* 56(1): 90 (2012)

同物异名：≡ ***Polyporus xeranticus* Berk**., *Hooker's J. Bot. Kew Gard. Misc.* 6: 161 (1854)

分类地位：真菌界 Fungi，担子菌门 Basidiomycota，蘑菇纲 Agaricomycetes，刺革菌目 Hymenochaetales，刺革菌科 Hymenochaetaceae。

形态特征：子实体一年生或二年生，平伏反卷，覆瓦状叠生，革质。菌盖半圆形至扇形，外伸可达 3 cm，宽可达 7 cm，基部厚可达 4 mm；表面黄褐色至暗褐色，被绒毛或光滑，具不明显的同心环带和浅的环沟；边缘锐，鲜黄色，干后波状。孔口表面黄褐色，具折光反应；圆形至多角形，每毫米 3～5 个；边缘薄，撕裂状。不育边缘窄至几乎无。菌肉鲜黄色至暗褐色，革质，异质，层间具一黑色细线，整个菌肉层可达 2 mm。菌管金黄色，长可达 3 mm。担孢子 3～4 μm × 1.1～1.5 μm，圆柱形，稍弯曲，无色，薄壁，光滑，非淀粉质，弱嗜蓝。

生　　境：夏秋季生于阔叶树上，造成木材白色腐朽。

分　　布：分布于我国大部分地区。

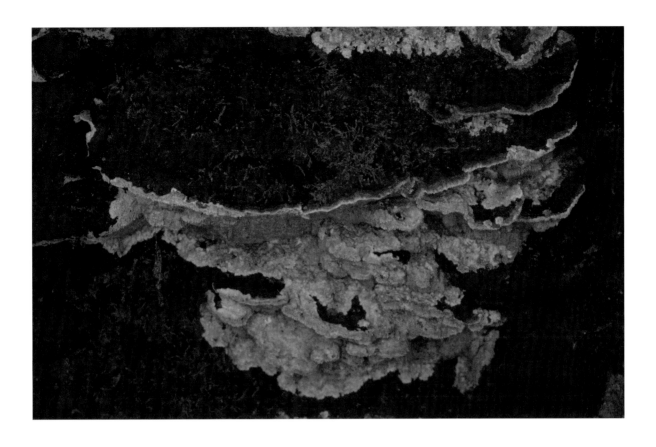

缠结拟刺革菌 *Hymenochaetopsis intricata*

学　　名：***Hymenochaetopsis intricata*** **(Lloyd) S.H. He & Jiao Yang**, in Yang, Dai & He, *Mycol. Progr.* 15(2/13): 6 (2016)

同物异名：≡ ***Stereum intricatum*** **Lloyd**, *Mycol. Writ.* (Cincinnati) 7(Letter 67): 1157 (1922)

　　　　　≡ ***Pseudochaete intricata*** **(Lloyd) S.H. He & Y.C. Dai**, *Fungal Diversity* 56(1): 89 (2012)

分类地位：真菌界 Fungi，担子菌门 Basidiomycota，蘑菇纲 Agaricomycetes，刺革菌目 Hymenochaetales，刺革菌科 Hymenochaetaceae。

形态特征：子实体一年生，平伏反卷至盖形，覆瓦状叠生，革质，易与基物剥离，长可达 20 cm，宽可达 8 cm，厚可达 1 mm。菌盖扇形或半圆形，外伸可达 0.7 cm，宽可达 3 cm，基部厚可达 1 mm；表面褐色至锈褐色；边缘锐，干后内卷。子实层体肉桂色至黄褐色，不开裂。不育边缘明显，奶油色至土黄色。担孢子 3.5～5.0 μm × 1.6～2.0 μm，细圆柱形或尿囊形，无色，薄壁，光滑，非淀粉质，不嗜蓝。

生　　境：夏秋季生于阔叶树倒木或枯枝上，造成木材白色腐朽。

分　　布：分布于我国青藏高原、西北、华北和东北地区。

 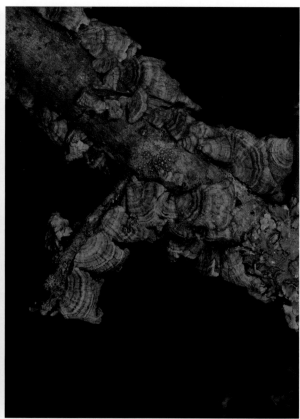

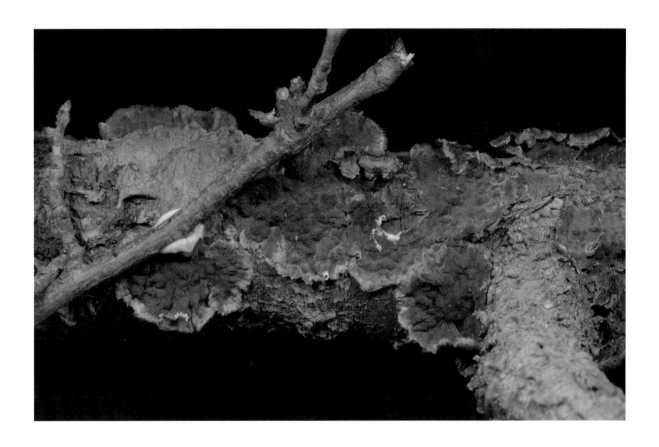

乳白耙菌 *Irpex lacteus*

学　　名：***Irpex lacteus*** **(Fr.) Fr.**, *Elench. fung.* (Greifswald) 1: 142 (1828)

同物异名：= ***Polyporus tulipiferae*** **(Schwein.) Overh**. [as '*tulipiferus*'], *Wash. Univ. Stud.* 1: 29 (1915)

分类地位：真菌界 Fungi，担子菌门 Basidiomycota，蘑菇纲 Agaricomycetes，多孔菌目 Polyporales，耙齿菌科 Irpicaceae。

形态特征：子实体一年生，形态多变，平伏至反卷，覆瓦状叠生，革质。平伏时长可达 10 cm，宽可达 5 cm。菌盖半圆形，外伸可达 1 cm，宽可达 2 cm，厚可达 0.4 cm；表面乳白色至浅黄色，被细密绒毛，同心环带不明显；边缘与菌盖表面同色，干后内卷。子实层体奶油色至淡黄色。孔口多角形，每毫米 2 ~ 3 个；边缘薄，撕裂状。菌肉白色至奶油色，厚可达 1 mm。菌齿或菌管与子实层体同色，长可达 3 mm。担孢子 4.0 ~ 5.5 μm × 2.0 ~ 2.8 μm，圆柱形，稍弯曲，无色，薄壁，光滑，非淀粉质，不嗜蓝。

生　　境：夏秋季生于多种阔叶树的倒木和落枝上，造成木材白色腐朽。

分　　布：全国各地均有分布。

用　　途：药用。

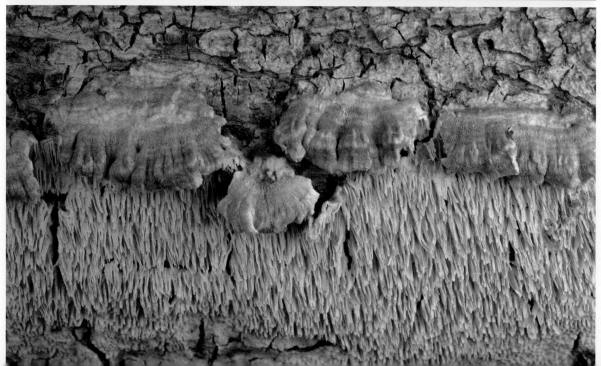

芳香薄皮孔菌 *Ischnoderma benzoinum*

学　　名：***Ischnoderma benzoinum*** **(Wahlenb.) P. Karst.**, *Acta Soc. Fauna Flora fenn.* 2(no. 1): 32
　　　　　(1881)

同物异名：≡ ***Lasiochlaena benzoina*** **(Wahlenb.) Pouzar**, *Česká Mykol.* 44(2): 98 (1990)

分类地位：真菌界 Fungi，担子菌门 Basidiomycota，蘑菇纲 Agaricomycetes，多孔菌目 Polyporales，
　　　　　拟层孔菌科 Fomitopsidaceae。

形态特征：子实体一年生至二年生，无柄，覆瓦状叠生，木栓质。菌盖半圆形，外伸可达 5 cm，
　　　　　宽可达 10 cm，基部厚可达 2.2 cm；表面新鲜时深褐色，具环沟和浅褐色的同心环带；
　　　　　边缘较锐，白色。孔口表面新鲜时奶油色，干后黄褐色；圆形，每毫米 4 ～ 6 个；
　　　　　边缘薄，撕裂状。不育边缘几乎无。菌肉淡褐色，厚可达 16 mm。菌管淡褐色，长
　　　　　可达 5 mm。担孢子 4.2 ～ 5.2 μm × 1.7 ～ 2 μm，腊肠形，无色，薄壁，光滑，非淀
　　　　　粉质，不嗜蓝。

生　　境：夏秋季生于多种阔叶树的死树、倒木和树桩上，造成木材白色腐朽。

分　　布：分布于我国东北、华北地区。

用　　途：药用。

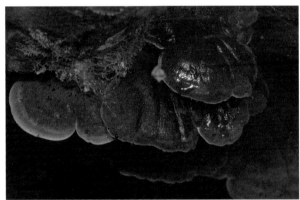
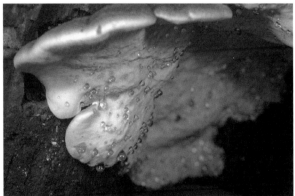

漏斗香菇 *Lentinus arcularius*

学　　名：***Lentinus arcularius* (Batsch) Zmitr**., *International Journal of Medicinal Mushrooms* (Redding) 12(1): 88 (2010)

同物异名：≡ ***Polyporus arcularius* (Batsch) Fr**., *Syst. mycol.* (Lundae) 1: 342 (1821)

　　　　　≡ ***Favolus arcularius* (Batsch) Fr**., *Annls mycol.* 11(3): 241 (1913)

分类地位：真菌界 Fungi，担子菌门 Basidiomycota，蘑菇纲 Agaricomycetes，多孔菌目 Polyporales，多孔菌科 Polyporaceae。

形态特征：子实体一年生，肉质至革质。菌盖圆形，直径可达 2 cm，厚可达 3 mm；表面新鲜时乳黄色，干后黄褐色，被暗褐色或红褐色鳞片；边缘锐，干后略内卷。孔口表面干后浅黄色或橘黄色；多角形，每毫米 1～4 个；边缘薄，撕裂状。菌肉淡黄色至黄褐色，厚可达 1 mm。菌管与孔口表面同色，长可达 2 mm。菌柄与菌盖同色，干后皱缩，长可达 3 cm，直径可达 2 mm。担孢子 8.2～9.8 μm×2.8～3.2 μm，圆柱形，略弯曲，无色，薄壁，光滑，非淀粉质，不嗜蓝。

生　　境：夏季单生或数个簇生于多种阔叶树死树或倒木上，造成木材白色腐朽。

分　　布：全国各地均有分布。

用　　途：药用。

冬生香菇 *Lentinus brumalis*

学　　名：***Lentinus brumalis* (Pers.) Zmitr**., *International Journal of Medicinal Mushrooms* (Redding) 12(1): 88 (2010)

同物异名：≡ ***Polyporus brumalis* (Pers.) Fr**., *Observ. mycol.* (Havniae) 2: 255 (1818)

分类地位：真菌界 Fungi，担子菌门 Basidiomycota，蘑菇纲 Agaricomycetes，多孔菌目 Polyporales，多孔菌科 Polyporaceae。

形态特征：子实体一年生，具中生或侧生柄，革质。菌盖圆形，直径可达 9 cm，中部厚可达 7 mm；表面新鲜时深灰色、灰褐色或黑褐色。边缘锐，黄褐色，干后内卷。孔口表面初期奶油色，后期浅黄色，具折光反应；圆形至多角形，每毫米 3～4 个；边缘薄，全缘。不育边缘不明显至几乎无。菌肉乳白色，异质，下层硬革质，厚可达 2 mm，上层软木栓质，厚可达 3 mm，两层之间具一细的黑线。菌管浅黄色或浅黄褐色，长可达 2 mm。菌柄稻草色，被厚绒毛或粗毛，长可达 3 cm，直径可达 5 mm。担孢子 5.5～6.5 μm × 2～2.5 μm，圆柱形，有时稍弯曲，无色，薄壁，光滑，非淀粉质，不嗜蓝。

生　　境：秋季单生或聚生于阔叶树上，造成木材白色腐朽。

分　　布：分布于我国东北、华北、华中、西北和青藏高原地区。

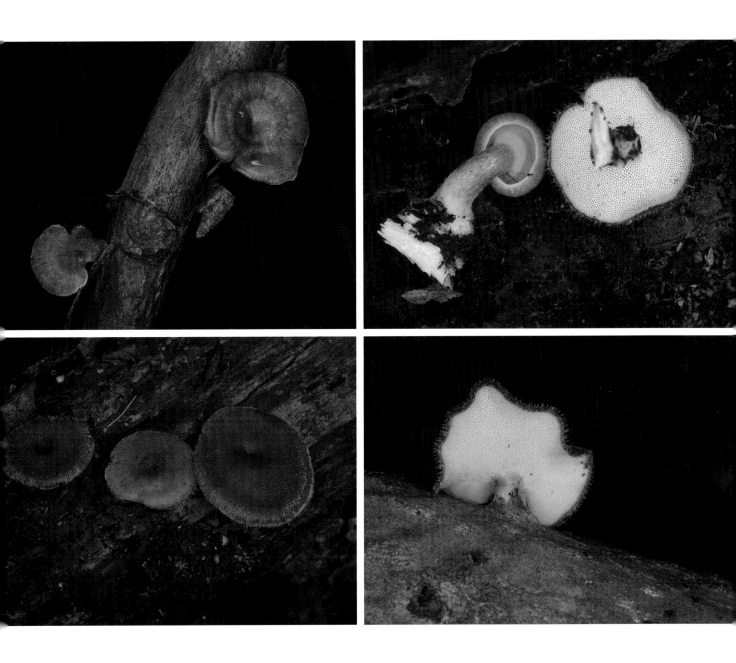

桦革裥菌 *Lenzites betulinus*

学　　名：***Lenzites betulinus* (L.) Fr.** [as '*betulina*'], *Epicr. syst. mycol.* (Upsaliae): 405 (1838)

同物异名：≡ ***Daedalea betulina* (L.) Rebent.**, *Prodr. fl. neomarch.* (Berolini): 371 (1804)

分类地位：真菌界 Fungi，担子菌门 Basidiomycota，蘑菇纲 Agaricomycetes，多孔菌目 Polyporales，多孔菌科 Polyporaceae。

形态特征：子实体一年生，无柄，覆瓦状叠生，革质。菌盖扇形，外伸可达 5 cm，宽可达 7 cm，中部厚可达 1.5 cm；表面新鲜时乳白色至浅灰褐色，被绒毛或粗毛，具不同颜色的同心环纹；边缘锐，完整或波状。子实层体初期奶油色，后期浅褐色，干后黄褐色至灰褐色，褶状，放射状排列，靠近边缘处孔状或二叉分枝；边缘薄，全缘或稍撕裂状。菌肉浅黄色，厚可达 3 mm。菌褶黄褐色至灰褐色，宽可达 12 mm；每毫米 0.5 ～ 2.0 个。担孢子 4.5 ～ 5.3 μm × 1.5 ～ 2.0 μm，圆柱形至腊肠形，无色，薄壁，光滑，非淀粉质，不嗜蓝。

生　　境：春季至秋季生于阔叶树特别是桦树的活立木、死树、倒木和树桩上，造成木材白色腐朽。

分　　布：全国各地均有分布。

用　　途：药用。

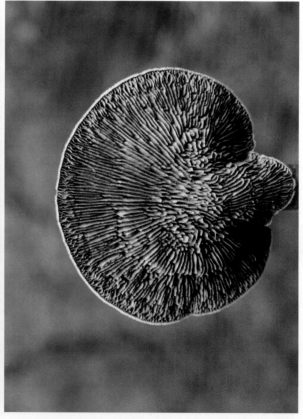

柔软白圆炷菌 *Leucogyrophana mollusca*

学　　名：***Leucogyrophana mollusca* (Fr.) Pouzar**, *Česká Mykol.* 12(1): 33 (1958)

同物异名：≡ ***Merulius molluscus* Fr.**, *Syst. mycol.* (Lundae) 1: 329 (1821)

　　　　　≡ ***Xylomyzon molluscum* (Fr.) Pers.**, *Mycol. eur.* (Erlanga) 2: 30 (1825)

　　　　　≡ ***Serpula mollusca* (Fr.) P. Karst.**, *Bidr. Känn. Finl. Nat. Folk* 48: 344 (1889)

分类地位：真菌界 Fungi，担子菌门 Basidiomycota，蘑菇纲 Agaricomycetes，牛肝菌目 Boletales，拟蜡伞科 Hygrophoropsidaceae。

形态特征：子实体一年生，平伏，贴生，薄，不易与基物剥离。子实层体褶孔状至平滑，新鲜时呈亮橙色，干燥时浅黄至淡黄色；新鲜时边缘白色，棉絮状至流苏状。单系菌丝，菌丝层菌丝具锁状联合，壁薄，直径 2.0 ～ 4.5 μm，偶尔分枝。担子棒状至仅棒状，8 ～ 10 μm× 23 ～ 35 μm。担孢子宽椭圆形至椭圆形，5.2 ～ 6.3 μm × 4.0 ～ 5.5 μm，光滑，淀粉质。

生　　境：夏秋季生于腐木上。

分　　布：分布于我国华北地区。

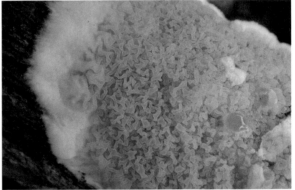
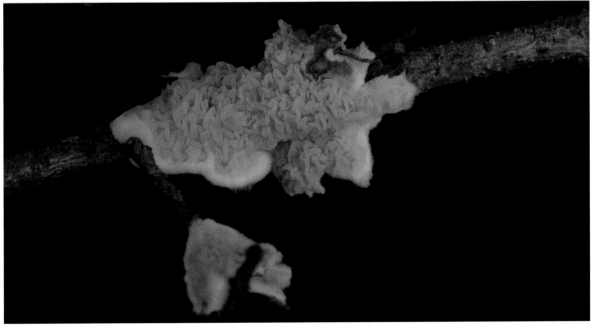

多变丝皮革菌 *Mutatoderma mutatum*

学　　名：*Mutatoderma mutatum* (Peck) C.E. Gómez, *Boln Soc. argent. Bot.* 17(3-4): 346 (1976)

同物异名：≡ *Corticium mutatum* Peck, *Ann. Rep. Reg. N.Y. St. Mus.* 43: 69 (1890)

　　　　　≡ *Hyphoderma mutatum* (Peck) Donk, *Fungus, Wageningen* 27: 15 (1957)

分类地位：真菌界 Fungi，担子菌门 Basidiomycota，蘑菇纲 Agaricomycetes，多孔菌目 Polyporales，丝毛伏革菌科 Hyphodermataceae。

形态特征：担子果一年生，贴生，膜质；担子果长可达 3.5 cm，宽可达 1.6 cm，厚可达 0.3 mm。子实层体幼时表面白色至奶油色，老后赭色，干后裂开，露出棉絮状的菌肉，边缘渐薄，颜色稍浅。菌丝单系；生殖菌丝具锁状联合，薄壁至略微厚壁，直径 3.4 ～ 5.1 μm。近子实层菌丝无色，薄壁，紧密交织排列；担子棍棒状，顶部有 4 个担孢子梗，基部有一锁状联合，大小 30 ～ 45 μm × 7 ～ 10 μm，拟担子较多形状与担子相似，但略小。担孢子长椭圆形，略微弯曲，薄壁，光滑，非淀粉质，大小为 (7.9 ～) 8.4 ～ 12.1(～ 12.5) μm × (4.1 ～) 4.8 ～ 5.9 (～ 6.0) μm。

生　　境：生长在阔叶树落枝上，引起木材白色腐朽。

分　　布：分布于吉林、云南、陕西、台湾地区。

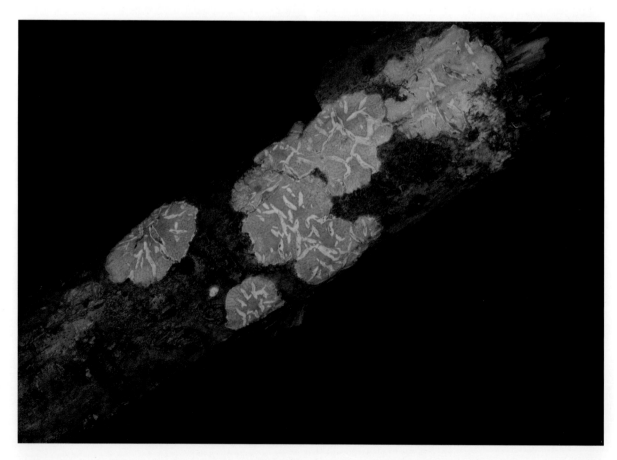

新棱孔菌 *Neofavolus alveolaris*

学　　名：***Neofavolus alveolaris* (DC.) Sotome & T. Hatt**., in Sotome, Akagi, Lee, Ishikawa & Hattori, *Fungal Diversity* 58: 250 (2012) [2013]

同物异名：= ***Polyporus mori* (Pollini) Fr**., *Syst. mycol.* (Lundae) 1: 344 (1821)

中文俗名：桑多孔菌。

分类地位：真菌界 Fungi，担子菌门 Basidiomycota，蘑菇纲 Agaricomycetes，多孔菌目 Polyporales，多孔菌科 Polyporaceae。

形态特征：子实体一年生，具侧生柄，肉质至革质。菌盖半圆形至圆形，直径可达 5 cm，中部厚可达 5 mm；表面白色、橘红色或黄褐色，无同心环纹，具放射状条纹；边缘锐，与菌盖同色，干后内卷。孔口表面初期乳白色至奶油色，后期浅黄色，干后浅黄褐色；初期多角形，放射状排列，延生至菌柄上部，每毫米 1 ～ 2 个；边缘薄，全缘。菌肉奶油色，厚可达 1 mm。菌管奶油色，长可达 4 mm。菌柄浅黄色至褐色，光滑，长可达 1 cm，直径可达 4 mm。担孢子 9.0 ～ 10.5 μm × 3.2 ～ 4 μm，圆柱形，无色，薄壁，光滑，非淀粉质，不嗜蓝。

生　　境：夏秋季单生或聚生于多种阔叶树死树、倒木和树桩上，造成木材白色腐朽。

分　　布：全国各地均有分布。

用　　途：药用。

苹果木层孔菌 *Phellinus pomaceus*

学　　名：***Phellinus pomaceus* (Pers.) Maire**, *Mus. barcin. Scient. nat. Op.*, Ser. Bot. 15: 37 (1933)

同物异名：= ***Phellinus tuberculosus* Niemelä**, *Karstenia* 22(1): 12 (1982)

分类地位：真菌界 Fungi，担子菌门 Basidiomycota，蘑菇纲 Agaricomycetes，刺革菌目 Hymenochaetales，刺革菌科 Hymenochaetaceae。

形态特征：子实体多年生，具明显菌盖或平伏反卷，覆瓦状叠生，木质。菌盖半圆形至近马蹄形，外伸可达 8 cm，宽可达 15 cm，基部厚可达 4 cm；表面浅灰褐色至暗褐色，后期开裂；边缘钝，灰褐色。孔口表面灰褐色，无折光反应；圆形，每毫米 5 ～ 7 个；边缘厚，全缘。不育边缘污褐色，粗糙，宽可达 2 mm。菌肉黄褐色，厚可达 5 mm，具白色菌丝束。菌管红褐色，长 3.5 cm，分层明显，每层长可达 5 mm，有时在成熟菌管中具白色菌丝束。担孢子 4 ～ 5 μm × 3 ～ 4 μm，宽椭圆形，无色，厚壁，光滑，非淀粉质，弱嗜蓝。

生　　境：春季至秋季生于蔷薇科特别是桃树和苹果树的活立木上，偶尔也生长在其他阔叶树上，造成木材白色腐朽。

分　　布：分布于我国东北、华北、华中、西北和青藏高原地区。

用　　途：药用。

皮拉特拟射脉菌 *Phlebiopsis pilatii*

学　　名：***Phlebiopsis pilatii* (Parmasto) Spirin & Miettinen**, in Miettinen, Spirin, Vlasák, Rivoire, Stenroos & Hibbett, *MycoKeys* 17: 25 (2016)

同物异名：≡ ***Laeticorticium pilatii* Parmasto**, *Eesti NSV Tead. Akad. Toim.*, Biol. seer 14(2): 228 (1965)

　　　　　≡ ***Dentocorticium pilatii* (Parmasto) Duhem & H**. **Michel**, *Cryptog. Mycol.* 30(2): 165 (2009)

分类地位：真菌界 Fungi，担子菌门 Basidiomycota，蘑菇纲 Agaricomycetes，多孔菌目 Polyporales，原毛平革菌科 Phanerochaetaceae。

形态特征：子实体一年生，平伏，新鲜时或多或少软木栓质，干燥时木栓质、明显开裂；表面棕黄色，光滑至轻微褶皱；子实层体与表面同色；边缘同色或稍浅，窄而薄；在 KOH 中变紫。单系菌丝系统；生殖菌丝有隔，透明至浅黄色，壁薄，常具分枝，有时膨大，通常在隔膜处缢缩，直径可达 6 μm。树状子实层端菌丝分枝复杂，明显无隔膜，或多或少溶于 KOH，在棉兰中有红褐色颗粒晶体。担孢子椭圆形至卵形，8 ～ 10 μm × 4 ～ 4.5 μm。

生　　境：夏秋季生于山茱萸等树的枯枝上。

分　　布：分布于我国山西、陕西等地。

亮黄褐柄杯菌 *Podoscypha fulvonitens*

学　　名：***Podoscypha fulvonitens*** (Berk.) D.A. Reid, *Beih. Nova Hedwigia* 18: 176 (1965)

同物异名：≡ ***Stereum fulvonitens*** Berk., *Ann. Mag. nat. Hist.*, Ser. 2 9: 198 (1852)

分类地位：真菌界 Fungi，担子菌门 Basidiomycota，蘑菇纲 Agaricomycetes，多孔菌目 Polyporales，柄杯菌科 Podoscyphaceae。

形态特征：子实体高 0.6 ～ 5.5 cm，宽 0.4 ～ 3.0 cm，大多数情况呈真漏斗状，有时收缩至只比菌柄上部略宽，有时呈扇形，极少呈真扇形。菌盖新鲜时呈白色，乳黄色，淡棕色，干后呈橙褐色，金褐色或红褐色至栗色；具深色同心环带，有的具放射状褶皱。子实层光滑，深褐色或赭色至浅橙褐色不等。菌柄褐色，短，长度极少超过 9 mm，子实层长延伸至基部。菌柄基部以淡褐色菌丝垫附着于基物上，直径可达 9 mm。担子棍棒状，具 4 个担孢子梗。担孢子壁薄，透明，小，(2.2 ～) 2.75 ～ 4 (～ 4.2) μm × (1.2 ～)1.75 ～ 2.2 μm，椭圆形至卵圆形。

生　　境：夏秋季生于竹林、松林等林中落叶层上。

分　　布：分布于陕西省黄龙山，该菌为中国新记录种。

网柄多孔菌 *Polyporus dictyopus*

学　　名：***Polyporus dictyopus* Mont.**, *Annls Sci. Nat.*, Bot., sér. 2 3: 349 (1835)

同物异名：≡ ***Melanopus dictyopus* (Mont.) Pat.**, *Essai Tax. Hyménomyc.* (Lons-le-Saunier): 80 (1900)

分类地位：真菌界 Fungi，担子菌门 Basidiomycota，蘑菇纲 Agaricomycetes，多孔菌目 Polyporales，多孔菌科 Polyporaceae。

形态特征：子实体一年生，具侧生柄或基部收缩成柄状，革质。菌盖扇形或半圆形，外伸可达 6 cm，宽可达 9 cm，基部厚可达 1.7 mm；表面红褐色至酒红褐色，光滑，具辐射状纵条纹；边缘锐，波浪状，干后常内卷。孔口表面奶油色至土黄色，具折光反应；多角形，每毫米 6～7 个；边缘薄，全缘，呈波浪状。菌肉奶油色至土黄色，厚可达 1 mm。菌管奶油色至土黄色，长可达 0.7 mm。菌柄黑色，长可达 9 mm，直径可达 5 mm。担孢子 5.7～7 μm × 2.2～3.0 μm，长圆柱形，无色，薄壁，光滑，非淀粉质，不嗜蓝。

生　　境：夏秋季单生于阔叶树倒木或落枝上，造成木材白色腐朽。

分　　布：分布于我国华南、华北地区。

粗环点革菌 *Punctularia strigosozonata*

学　　名：***Punctularia strigosozonata*** (**Schwein.**) **P.H.B. Talbot**, *Bothalia* 7(1): 143 (1958)

同物异名：≡ ***Merulius strigosozonatus* Schwein**. [as '*strigoso-zonatus*'], *Trans. Am. phil. Soc.*, New Series 4(2): 160 (1832)

分类地位：真菌界 Fungi，担子菌门 Basidiomycota，蘑菇纲 Agaricomycetes，伏革菌目 Corticiales，总革菌科 Punctulariaceae。

形态特征：子实体多变，从完全贴生至完全平伏反卷，有时对半；菌盖表面暗红褐色，带状，具同心环痕和浅褐色边缘。子实层体光滑至静脉状或皱孔状，橙褐色至栗色或葡萄色。干燥时菌盖淡褐色，子实层体浅灰色至黑色。担子 (12.6 ～)13.6 ～ 18.3(～ 19.6) µm × (3.3 ～)3.6 ～ 4.6(～ 4.8) µm，棍棒状，具 4 担孢子梗。担孢子 (5.4 ～)6.0 ～ 6.9(～ 7.3) µm × (3.5 ～) 3.6 ～ 4.0(～ 4.3) µm，椭圆形，透明至浅黄色，非淀粉质。

生　　境：夏秋季生于多种阔叶树倒木和腐木上，尤其以林边或阳光充分照射的地方最为常见，造成木材白色腐朽。

分　　布：分布于我国吉林、陕西、湖南、广东、四川、云南、台湾地区等。

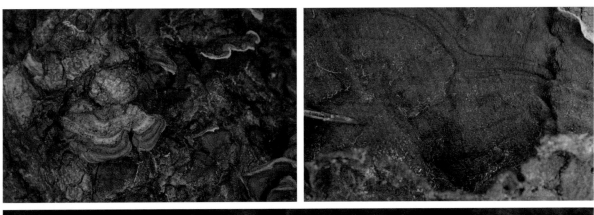

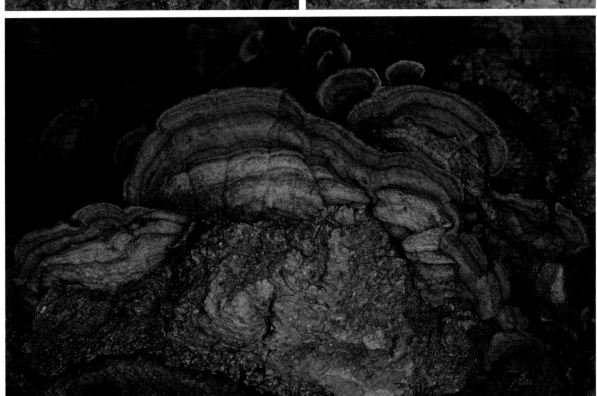

朱红密孔菌 *Pycnoporus cinnabarinus*

学　　名：***Pycnoporus cinnabarinus* (Jacq.) P. Karst.**, *Revue mycol.*, Toulouse 3(no. 9): 18 (1881)

同物异名：≡ ***Boletus cinnabarinus* Jacq**., *Fl. austriac.* 4: 2 (1776)

分类地位：真菌界 Fungi，担子菌门 Basidiomycota，蘑菇纲 Agaricomycetes，多孔菌目 Polyporales，多孔菌科 Polyporaceae。

形态特征：子实体一年生，革质。菌盖扇形或肾形，外伸可达 3 cm，宽可达 5 cm，基部厚可达 0.5 cm；表面新鲜时砖红色，干后颜色几乎不变；边缘较尖锐。孔口表面新鲜时砖红色，干后颜色不变；近圆形，每毫米 3 ～ 4 个；边缘稍厚，全缘。不育边缘宽可达 1 mm。菌肉浅红褐色，厚可达 1 mm。菌管与孔口表面同色，长可达 4.5 mm。担孢子 4.2 ～ 5.7 μm × 2.1 ～ 2.8 μm，长椭圆形至圆柱形，无色，薄壁，光滑，非淀粉质，不嗜蓝。

生　　境：夏秋季生于多种阔叶树倒木和腐木上，尤其以林边或阳光充分照射的地方最为常见，造成木材白色腐朽。

分　　布：分布于我国东北、华北、华南、西北和华中地区。

用　　途：药用。

血红密孔菌 *Pycnoporus sanguineus*

学　　名：***Pycnoporus sanguineus* (L.) Murrill**, *Bull. Torrey bot. Club* 31(8): 421 (1904)

同物异名：≡ ***Boletus sanguineus* L.**, *Sp. pl.*, Edn 2 2(2): 1646 (1763)

分类地位：真菌界 Fungi，担子菌门 Basidiomycota，蘑菇纲 Agaricomycetes，多孔菌目 Polyporales，多孔菌科 Polyporaceae。

形态特征：子实体一年生，革质。菌盖扇形、半圆形或肾形，外伸可达 3 cm，宽可达 5 cm，基部厚可达 1.5 cm；表面新鲜时浅红褐色、锈褐色至黄褐色，后期褪色，干后颜色几乎不变；边缘锐，颜色较浅，有时波状。孔口表面新鲜时砖红色，干后颜色几乎不变；近圆形，每毫米 5～6 个；边缘薄，全缘。不育边缘明显，杏黄色，宽可达 1 mm。菌肉浅红褐色，厚可达 13 mm。菌管红褐色，长可达 2 mm。担孢子 3.6～4.4 μm × 1.7～2 μm，长椭圆形至圆柱形，无色，薄壁，光滑，非淀粉质，不嗜蓝。

生　　境：夏秋季单生或簇生于多种阔叶树倒木、树桩和腐木上，造成木材白色腐朽。

分　　布：全国各地均有分布。

用　　途：药用。

葡地钝齿壳菌 *Radulomyces paumanokensis*

学　　名：***Radulomyces paumanokensis* J. Horman, Nakasone & B. Ortiz**, in Horman, Nakasone, Ortiz-Santana & Buyck, *Cryptog. Mycol.* 39(2): 237 (2018)

同物异名：无。

分类地位：真菌界 Fungi，担子菌门 Basidiomycota，蘑菇纲 Agaricomycetes，蘑菇目 Agaricales，钝齿壳菌科 Radulomycetaceae。

形态特征：子实体平伏贴生，或呈半球形至卵圆形放射状，分枝，刺形下垂，长宽可达 5 cm × 5 cm，白色，橙白色至淡橙色或灰橙色，干后橙灰色。菌齿细，长可达 2 cm，坚硬，圆柱形至扁平，在基部融合，然后多次分枝，后逐渐变细，顶端尖锐，干燥时易碎；表面光滑至细粉状；菌肉蜡状，黄褐色。担子少，棍棒状至圆柱状，25～31 μm × 5.0～7.5 μm，基部具锁状联合，透明，壁薄，光滑。担孢子球形至近球形，(5.7～)5.8～6.9 μm × (5.1～)5.2～6.4(～6.5) μm，壁透明，薄至略厚，光滑，嗜蓝。

生　　境：夏秋季生于阔叶树上，造成木材白色腐朽。

分　　布：分布于陕西省黄龙山，该菌为中国新记录种。

优美小肉齿菌 *Sarcodontia delectans*

学　　名：*Sarcodontia delectans* (Peck) Spirin, *Mycena* 1(1): 64-71 (2001)

同物异名：≡ *Polyporus delectans* Peck, *Bull. Torrey bot. Club* 11(3): 26 (1884)

　　　　　≡ *Spongipellis delectans* (Peck) Murrill, *N. Amer. Fl.* (New York) 9(1): 38 (1907)

中文俗名：优美毡被孔菌。

分类地位：真菌界 Fungi，担子菌门 Basidiomycota，蘑菇纲 Agaricomycetes，多孔菌目 Polyporales，干朽菌科 Meruliaceae。

形态特征：子实体一年生，肉质至海绵质，干后强烈收缩，木栓质。菌盖半圆形，外伸可达 14 cm，宽可达 20 cm，基部厚可达 50 mm；表面乳白色至土黄色，被绒毛，粗糙；边缘钝。孔口表面乳白色至土黄色；多角形，每毫米 2～4 个；边缘薄，全缘或略呈齿裂状。不育边缘不明显或几乎无。菌肉浅黄色，海绵质至木栓质，具明显环带，厚可达 20 mm。菌管黄褐色，肉革质至纤维质，强烈扭曲，长可达 30 mm。担孢子 5.5～8.0 μm×5～6 μm，宽椭圆形至近球形，无色，壁略厚，光滑，非淀粉质，不嗜蓝。

生　　境：夏秋季单生于多种阔叶树上，造成木材白色腐朽。

分　　布：分布于我国东北、华北、西北和华中地区。

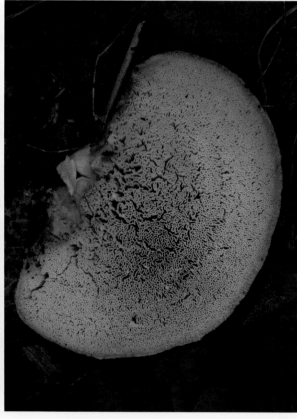

毛韧革菌 *Stereum hirsutum*

学　　名：***Stereum hirsutum* (Willd.) Pers**., *Observ. mycol.* (Lipsiae) 2: 90 (1800)

同物异名：≡ ***Thelephora hirsuta* Willd**., *Fl. berol. prodr.*: 397 (1787)

分类地位：真菌界 Fungi，担子菌门 Basidiomycota，蘑菇纲 Agaricomycetes，红菇目 Russulales，韧革菌科 Stereaceae。

形态特征：子实体一至二年生，平伏至具明显菌盖，覆瓦状叠生，韧革质。菌盖圆形至贝壳形，外伸可达 3 cm，宽可达 10 cm，基部厚可达 2 mm；表面浅黄色至锈黄色，具同心环纹，被灰白色至深灰色硬毛或粗绒毛；边缘锐，波状，干后内卷。子实层体奶油色至棕色，光滑或具瘤状突起。菌肉奶油色，厚可达 1 mm。绒毛层与菌肉层之间具一深褐色环带。担孢子 6.5 ～ 8.9 μm × 2.7 ～ 3.8 μm，圆柱形至腊肠形，无色，薄壁，光滑，淀粉质，不嗜蓝。

生　　境：春季至秋季生于多种阔叶树倒木、树桩和储木上，造成木材白色腐朽。

分　　布：分布于我国东北、华北、华中、青藏高原地区。

用　　途：药用。

轮纹韧革菌 *Stereum ostrea*

学　　名：***Stereum ostrea*** **(Blume & T. Nees) Fr.**, *Epicr. syst. mycol.* (Upsaliae): 547 (1838)

同物异名：≡ ***Thelephora ostrea*** **Blume & T. Nees**, *Nova Acta Phys.-Med. Acad. Caes. Leop.-Carol. Nat. Cur.* 13: 13 (1826)

分类地位：真菌界 Fungi，担子菌门 Basidiomycota，蘑菇纲 Agaricomycetes，红菇目 Russulales，韧革菌科 Stereaceae。

形态特征：子实体一年生，无柄或具短柄，覆瓦状叠生，革质。菌盖半圆形或扇形，外伸可达 6 cm，宽可达 14 cm，基部厚可达 1 mm；表面鲜黄色至浅栗色，具明显的同心环带，被微细短绒毛；边缘薄，锐，新鲜时金黄色，全缘或开裂，干后内卷。子实层体肉色至蛋壳色，光滑。菌肉浅黄褐色，厚可达 1 mm。担孢子 5 ～ 6 μm × 2.2 ～ 3.0 μm，宽椭圆形，无色，薄壁，光滑，淀粉质，不嗜蓝。

生　　境：春季至秋季生于阔叶树死树、倒木、树桩及腐木上，造成木材白色腐朽。

分　　布：分布于我国华南、华中、华北等地区。

用　　途：药用。

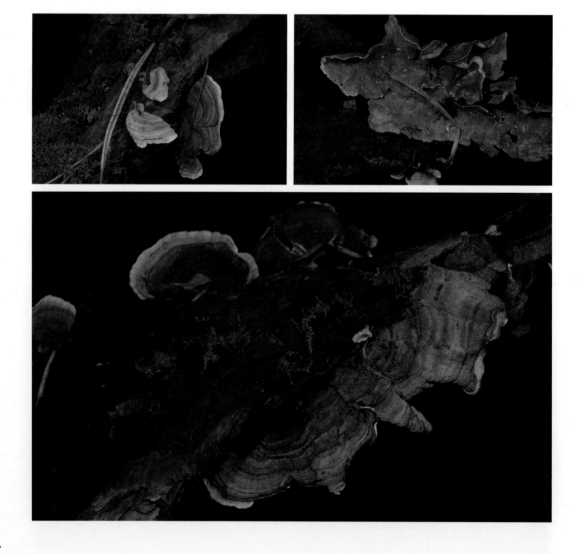

绒毛韧革菌 *Stereum subtomentosum*

学　　名：***Stereum subtomentosum* Pouzar**, *Česká Mykol.* 18(3): 147 (1964)

同物异名：= ***Stereum insignitum* sensu Carleton Rea (1922)**; fide Checklist of Basidiomycota of Great Britain and Ireland (2005)

　　　　　= ***Stereum arcticum* (Fr.) Mussat**, in Saccardo, *Syll. fung.* (Abellini) 15: 402 (1901)

分类地位：真菌界 Fungi，担子菌门 Basidiomycota，蘑菇纲 Agaricomycetes，红菇目 Russulales，韧革菌科 Stereaceae。

形态特征：子实体一年生，覆瓦状叠生，革质。菌盖匙形、扇形、半圆形或近圆形，外伸可达 5 cm，宽可达 7 cm，基部厚可达 1 mm；表面基部灰色至黑褐色，被黄褐色绒毛，具明显的同心环带；边缘锐，颜色稍浅，波状，干后内卷。子实层体土黄色至浅褐色，光滑，有时具不规则疣突，新鲜时触摸后变为黄褐色。菌肉浅黄褐色，厚可达 1 mm，绒毛层与菌肉层之间具一深褐色环带。担孢子 5.3 ～ 7.0 μm × 2 ～ 3 μm，长椭圆形至圆柱形，无色，薄壁光滑，淀粉质，不嗜蓝。

生　　境：春季至秋季生于阔叶树上，造成木材白色腐朽。

分　　布：分布于我国东北、华北、华中、青藏高原和西北地区。

掌状革菌 *Thelephora palmata*

学　　名：***Thelephora palmata* (Scop.) Fr.**, *Syst. mycol.* (Lundae) 1: 432 (1821)

同物异名：≡ ***Clavaria palmata* Scop.**, *Fl. carniol.*, Edn 2 (Wien) 2: 483 (1772)

　　　　　≡ ***Ramaria palmata* (Scop.) Holmsk.**, *Beata Ruris Otia FUNGIS DANICIS* 1: 106, tab. 28 (1790)

　　　　　= ***Thelephora diffusa* (Fr.) Fr.**, *Epicr. syst. mycol.* (Upsaliae): 537 (1838)

分类地位：真菌界 Fungi，担子菌门 Basidiomycota，蘑菇纲 Agaricomycetes，革菌目 Thelephorales，革菌科 Thelephoraceae。

形态特征：子实体群生。直立，软革质，紫褐色，干后锈褐色，高 2 ～ 6 cm，有多数扁平的裂片，其顶端扩展并撕裂，子实层生于裂片的周围。孢子淡褐色，并有散生的刺，8 ～ 10 μm × 7 ～ 8 μm，味稍臭。

生　　境：夏秋生于林间小路旁。

分　　布：分布于陕西、甘肃、安徽、江苏、江西、海南等地。

用　　途：为外生菌根菌。

偏肿栓菌 *Trametes gibbosa*

学　　名：***Trametes gibbosa* (Pers.) Fr**., *Epicr. syst. mycol.* (Upsaliae): 492 (1838)

同物异名：≡ ***Merulius gibbosus* Pers**., *Ann. Bot.* (Usteri) 15: 21 (1795)

分类地位：真菌界 Fungi，担子菌门 Basidiomycota，蘑菇纲 Agaricomycetes，多孔菌目 Polyporales，多孔菌科 Polyporaceae。

形态特征：子实体一年生，覆瓦状叠生，革质，具芳香味。菌盖半圆形或扇形，外伸可达 10 cm，宽可达 15 cm，中部厚可达 2.5 cm；表面乳白色至浅棕黄色，具明显的同心环纹；边缘锐，黄褐色。孔口表面乳白色至草黄色。子实层体基部和边缘孔口为长孔状，多角形，每毫米 1 ～ 2 个；中部为褶状，左右连成波浪状。孔口或菌褶边缘薄，略呈撕裂状。不育边缘不明显。菌肉乳白色，厚可达 1 cm。菌管奶油色或浅乳黄色，长可达 15 mm。担孢子 4.0 ～ 4.8 μm × 1.9 ～ 2.5 μm，圆柱形，无色，薄壁，光滑，非淀粉质，不嗜蓝。

生　　境：夏秋季生于多种阔叶树倒木上，造成木材白色腐朽。

分　　布：分布于我国东北、华北、西北和华中地区。

用　　途：药用。

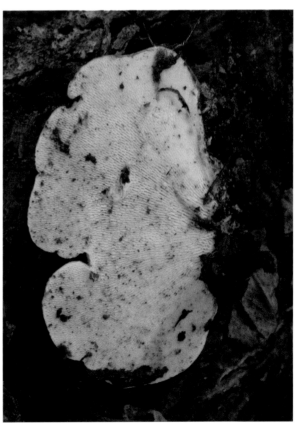

硬毛栓菌 *Trametes hirsuta*

学　　名：***Trametes hirsuta* (Wulfen) Lloyd**, *Mycol. Writ.* 7(Letter 73): 1319 (1924)

同物异名：≡ ***Coriolus hirsutus* (Wulfen) Pat**., *Cat. Rais. Pl. Cellul. Tunisie* (Paris): 47 (1897)

　　　　　≡ ***Polystictus hirsutus* (Wulfen) Fr**., *Nova Acta R. Soc. Scient. upsal.*, Ser. 3 1(1): 86 (1851)

分类地位：真菌界 Fungi，担子菌门 Basidiomycota，蘑菇纲 Agaricomycetes，多孔菌目 Polyporales，多孔菌科 Polyporaceae。

形态特征：子实体一年生，覆瓦状叠生，革质。菌盖半圆形或扇形，外伸可达 4 cm，宽可达 10 cm，中部厚可达 13 mm；表面乳色至浅棕黄色，老熟部分常带青苔的青褐色，被硬毛和细微绒毛，具明显的同心环纹和环沟；边缘锐，黄褐色。孔口表面乳白色至灰褐色；多角形，每毫米 3～4 个；边缘薄，全缘。不育边缘不明显，宽可达 1 mm。菌肉乳白色，厚可达 5 mm。菌管奶油色或浅乳黄色，长可达 8 mm。担孢子 4.2～5.7 μm × 1.8～2.2 μm，圆柱形，无色，薄壁，光滑，非淀粉质，不嗜蓝。

生　　境：春季至秋季生于多种阔叶树倒木、树桩和储木上，造成木材白色腐朽。

分　　布：全国各地均有分布。

用　　途：药用。

膨大栓菌 *Trametes strumosa*

学　　名：***Trametes strumosa* (Fr.) Zmitr., Wasser & Ezhov**, in Zmitrovich, Ezhov & Wasser, *International Journal of Medicinal Mushrooms* (Redding) 14(3): 318 (2012)

同物异名：≡ ***Polyporus strumosus* Fr.**, *Epicr. syst. mycol.* (Upsaliae): 462 (1838)

　　　　　≡ ***Coriolopsis strumosa* (Fr.) Ryvarden**, *Kew Bull*. 31(1): 95 (1976)

　　　　　≡ ***Polyporus serpens* Pers.**, in Gaudichaud-Beaupré in Freycinet, *Voy. Uranie.*, Bot. (Paris) 4: 173 (1827)

分类地位：真菌界 Fungi，担子菌门 Basidiomycota，蘑菇纲 Agaricomycetes，多孔菌目 Polyporales，多孔菌科 Polyporaceae。

形态特征：子实体一年生，无柄，新鲜时革质，干后木栓质。菌盖半圆形，外伸可达 6 cm，宽可达 10 cm，中部厚可达 1 cm；表面新鲜时棕褐色至赭色，干后灰褐色，粗糙，近基部具瘤突，具明显的同心环沟。孔口表面初期奶油色至乳灰色，后期橄榄褐色；圆形，每毫米 6 ～ 7 个；边缘薄，全缘。不育边缘明显，比孔口表面颜色稍浅，宽可达 2 mm。菌肉黄褐色至橄榄褐色，木栓质，厚可达 9 mm。菌管暗褐色，长可达 1 mm。担孢子 8 ～ 10 μm × 3.5 ～ 4.0 μm，圆柱形，无色，薄壁，光滑，非淀粉质，不嗜蓝。

生　　境：夏秋季生于相思树等倒木上，造成木材白色腐朽。

分　　布：分布于我国华南、华北等地区。

毛栓菌 *Trametes trogii*

学　　名：***Trametes trogii* Berk.**, in Trog, *Mittheil. d. schweiz. Naturf. Ges. in Bern* 2: 52 (1850)

同物异名：≡ ***Funalia trogii* (Berk.) Bondartsev & Singer**, *Annls mycol.* 39(1): 62 (1941)

　　　　　≡ ***Coriolopsis trogii* (Berk.) Domański**, *Mała Flora Grzybów*, I Basidiomycetes (Podstawczaki), Aphyllophorales (Bezblaszkowce). (5) Corticiaceae (Kraków) 1: 230 (1974)

分类地位：真菌界 Fungi, 担子菌门 Basidiomycota, 蘑菇纲 Agaricomycetes, 多孔菌目 Polyporales, 多孔菌科 Polyporaceae。

形态特征：子实体一年生，无柄，覆瓦状叠生，木栓质。菌盖半圆形或近贝壳形，外伸可达 12 cm，宽可达 16 cm，中部厚可达 3.2 cm；表面黄褐色，被密硬毛；边缘钝或锐。孔口表面初期乳白色，后期黄褐色至暗褐色；近圆形，每毫米 1～3 个；边缘厚，全缘或略呈锯齿状。不育边缘窄，宽可达 0.2 mm。菌肉浅黄色，厚可达 10 mm。菌管与菌肉同色，木栓质，长可达 22 mm。担孢子 8.1～11.2 μm × 3.0～3.8 μm，圆柱形，无色，薄壁，光滑，非淀粉质，不嗜蓝。

生　　境：夏秋季生于杨树和柳树上，造成木材白色腐朽。

分　　布：分布于我国东北、华北、西北、华中和青藏高原地区。

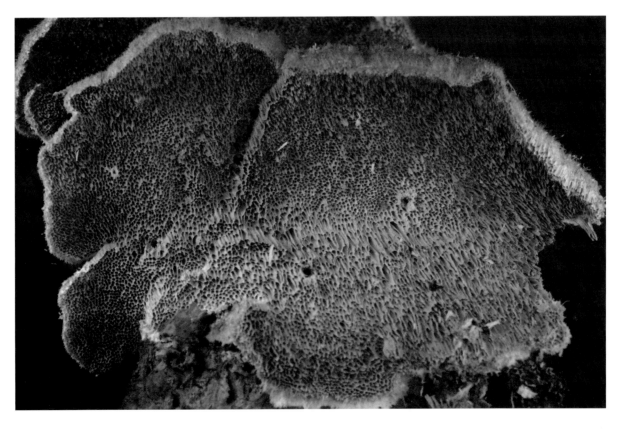

变色栓菌 *Trametes versicolor*

学　　名：***Trametes versicolor* (L.) Lloyd**, *Mycol. Notes* (Cincinnati) 65: 1045 (1921)

同物异名：≡ ***Polystictus versicolor* (L.) Fr**., *Nova Acta R. Soc. Scient. upsal*., Ser. 3 1(1): 86 (1851)

　　　　　≡ ***Coriolus versicolor* (L.) Quél**., *Enchir. fung*. (Paris): 175 (1886)

中文俗名：云芝、云芝栓孔菌。

分类地位：真菌界 Fungi，担子菌门 Basidiomycota，蘑菇纲 Agaricomycetes，多孔菌目 Polyporales，多孔菌科 Polyporaceae。

形态特征：子实体一年生，覆瓦状叠生，革质。菌盖半圆形，外伸可达 8 cm，宽可达 10 cm，中部厚可达 0.5 cm；表面颜色变化多样，淡黄色至蓝灰色，被细密绒毛，具同心环带；边缘锐。孔口表面奶油色至烟灰色；多角形至近圆形，每毫米 4 ～ 5 个；边缘薄，撕裂状。不育边缘明显，宽可达 2 mm。菌肉乳白色，厚可达 2 mm。菌管烟灰色至灰褐色，长可达 3 mm。担孢子 4.1 ～ 5.3 μm × 1.8 ～ 2.2 μm，圆柱形，无色，薄壁，光滑，非淀粉质，不嗜蓝。

生　　境：春季至秋季生于多种阔叶树倒木、树桩和储木上，造成木材白色腐朽。

分　　布：全国各地均有分布。

用　　途：药用。

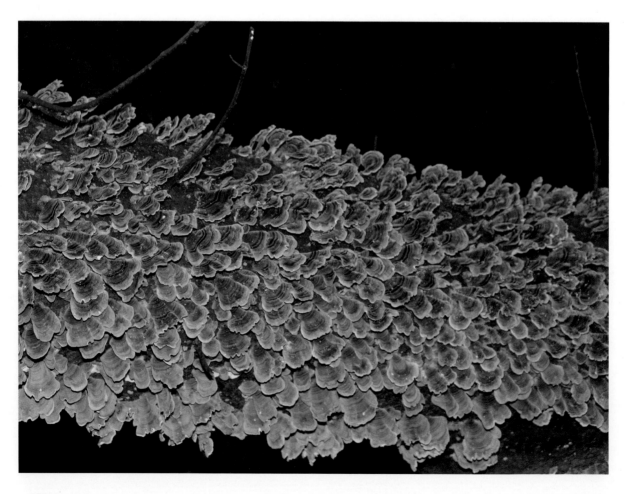

齿贝拟栓菌 *Trametopsis cervina*

学　　名：***Trametopsis cervina* (Schwein.) Tomšovský**, *Czech Mycol.* 60(1): 7 (2008)

同物异名：≡ ***Funalia cervina* (Schwein.) Y.C. Dai**, *Fungal Science*, Taipei 11(3, 4): 91 (1996)

　　　　　≡ ***Trametes cervina* (Schwein.) Bres.**, *Annls mycol.* 1(1): 81 (1903)

分类地位：真菌界 Fungi，担子菌门 Basidiomycota，蘑菇纲 Agaricomycetes，多孔菌目 Polyporales，
　　　　　耙齿菌科 Irpicaceae。

形态特征：子实体一年生，无柄，覆瓦状叠生，软木栓质。菌盖半圆形至近贝壳形，外伸可达
　　　　　5 cm，宽可达 7 cm，中部厚可达 10 mm；表面蛋壳色或淡黄褐色，被粗硬毛，具同
　　　　　心环带和放射状纵条纹；边缘锐，干后稍内卷。孔口表面白色至黄褐色；近圆形至
　　　　　多角形或裂齿状，每毫米 0.5～3.0 个；边缘薄，裂齿状。不育边缘明显，奶油色，
　　　　　宽可达 2 mm。菌肉浅黄色，厚可达 5 mm。菌管与菌肉同色，长可达 8 mm。担孢
　　　　　子 5.6～6.9 μm × 2～3 μm，腊肠形至圆柱形，无色，薄壁，光滑，非淀粉质，不
　　　　　嗜蓝。

生　　境：夏秋季生于多种阔叶树上，造成木材白色腐朽。

分　　布：分布于我国东北、华北、华中、华南和西北地区。

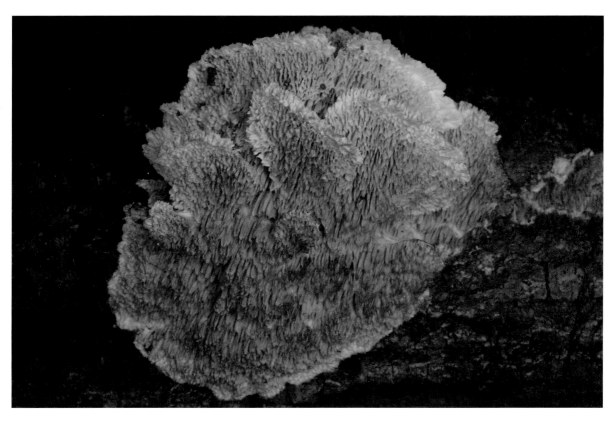

二形附毛菌 *Trichaptum biforme*

学　　名：***Trichaptum biforme* (Fr.) Ryvarden** [as '*biformis*'], *Norw. Jl Bot.* 19(3-4): 237 (1972)

同物异名：≡ ***Polyporus biformis* Fr.**, in Klotzsch, *Linnaea* 8(4): 486 (1833)

　　　　　≡ ***Coriolus biformis* (Fr.) Pat.**, *Cat. Rais. Pl. Cellul. Tunisie* (Paris): 48 (1897)

分类地位：真菌界 Fungi，担子菌门 Basidiomycota，蘑菇纲 Agaricomycetes，刺革菌目 Hymenochaetales，未定科 Incertae sedis。

形态特征：子实体一年生，覆瓦状叠生，革质。菌盖半圆形，外伸可达 2 cm，宽可达 3 cm，厚可达 6 mm；表面乳白色至淡黄褐色，被细密绒毛，具同心环带；边缘锐，干后略内卷。子实层体齿状。菌齿每毫米 1～2 个，菌齿长可达 4 mm。菌肉明显分层，上层乳白色，下层淡褐色，厚可达 3 mm。担孢子 4.5～5.6 μm×2.0～2.5 μm，圆柱形，无色，薄壁，表面光滑，稍弯曲，非淀粉质，嗜蓝。

生　　境：春季至秋季生于阔叶树特别是桦树的倒木和树桩上，造成木材白色腐朽。

分　　布：全国各地均有分布。

用　　途：药用。

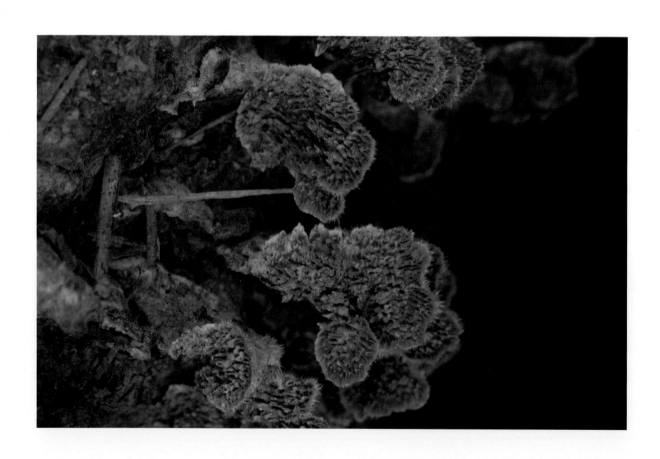

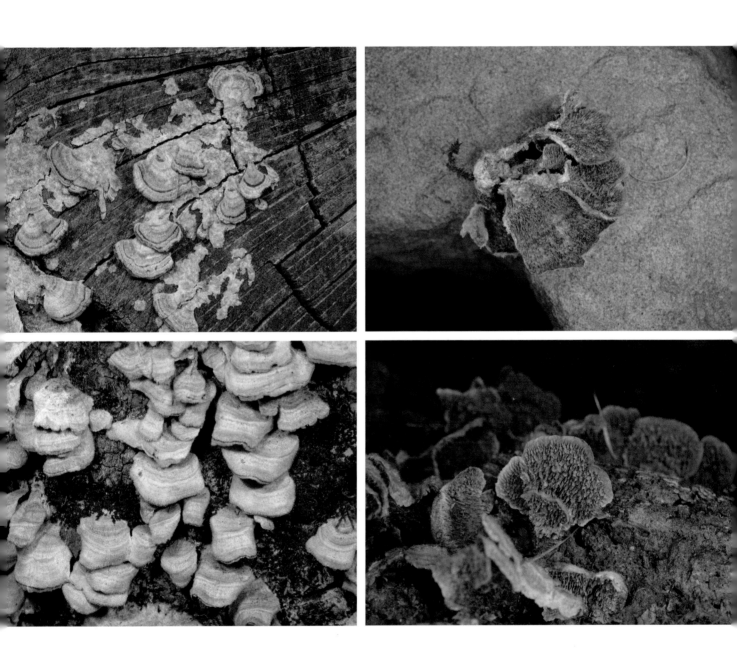

刺槐万德孔菌 *Vanderbylia robiniophila*

学　　名：***Vanderbylia robiniophila* (Murrill) B.K. Cui & Y.C. Dai**，in Cui, Li, Ji, Zhou, Song, Si, Yang & Dai, *Fungal Diversity* 97: 380 (2019)

同物异名：≡ ***Perenniporia robiniophila* (Murrill) Ryvarden**，*Mycotaxon* 17: 517 (1983)

　　　　　≡ ***Trametes robiniophila* Murrill**，*N. Amer. Fl.* (New York) 9(1): 42 (1907)

中文俗名：槐耳。

分类地位：真菌界 Fungi，担子菌门 Basidiomycota，蘑菇纲 Agaricomycetes，多孔菌目 Polyporales，多孔菌科 Polyporaceae。

形态特征：子实体多年生，覆瓦状叠生，木栓质。菌盖半圆形，外伸可达 6 cm，宽可达 10 cm，基部厚可达 2.2 cm；表面浅黄褐色至红褐色或污褐色；边缘锐或钝。孔口表面灰褐色，触摸后变为浅棕褐色，无折光反应；圆形，每毫米 4～6 个；边缘厚，全缘。菌肉浅黄褐色，厚可达 10 mm。菌管与菌肉同色，长可达 12 mm。担孢子 6.0～7.5 μm × 5.5～6.0 μm，水滴形或近球形，无色，厚壁，光滑，拟糊精质，嗜蓝。

生　　境：夏秋季生于刺槐的活立木、死树、倒木及树桩上，造成木材白色腐朽。

分　　布：分布于我国东北、华北、华中和西北地区。

用　　途：药用。

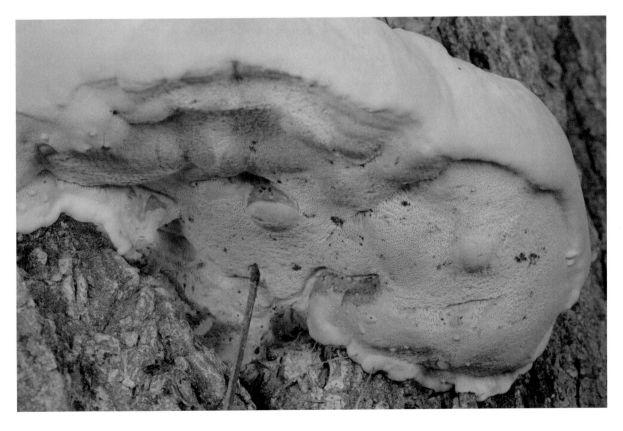

二色半胶菌 *Vitreoporus dichrous*

学　　名：***Vitreoporus dichrous* (Fr.) Zmitr**., *Folia Cryptogamica Petropolitana* (Sankt-Peterburg) 6: 99 (2018)

同物异名：≡ ***Polyporus dichrous* Fr**., *Observ. mycol.* (Havniae) 1: 125 (1815)

　　　　　≡ ***Gloeoporus dichrous* (Fr.) Bres**., *Hedwigia* 53(1-2): 74 (1912)

分类地位：真菌界 Fungi，担子菌门 Basidiomycota，蘑菇纲 Agaricomycetes，多孔菌目 Polyporales，耙齿菌科 Irpicaceae。

形态特征：子实体一年生，无柄，覆瓦状叠生，新鲜时软革质，干后脆胶质。菌盖半圆形，外伸可达 2 cm，宽可达 4 cm，基部厚可达 3 mm；表面初期白色或乳白色，后期淡黄色或灰白色；边缘锐，干后稍内卷。孔口表面粉红褐色至紫黑色；圆形、近圆形或多角形，每毫米 4～6 个；边缘薄，全缘。不育边缘明显，乳白色或淡黄色，宽可达 3 mm。菌肉白色，厚可达 2 mm。菌管与孔口表面同色或略浅，长可达 1 mm。担孢子 3.5～4.5 μm×0.9～1.0 μm，腊肠形至圆柱形，无色，薄壁，光滑，非淀粉质，不嗜蓝。

生　　境：秋季生于阔叶树倒木上，造成木材白色腐朽。

分　　布：全国各地均有分布。

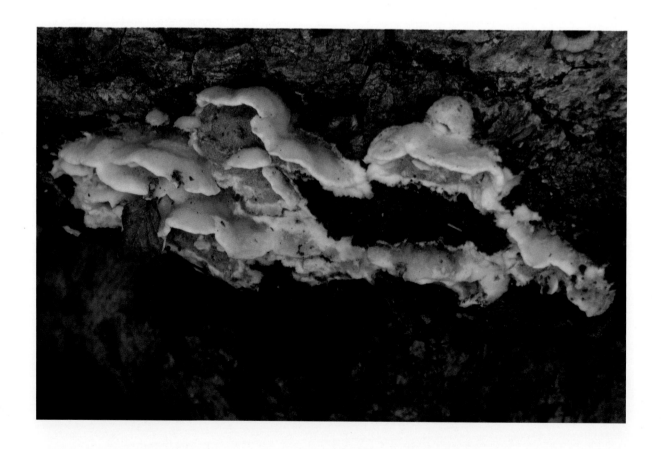

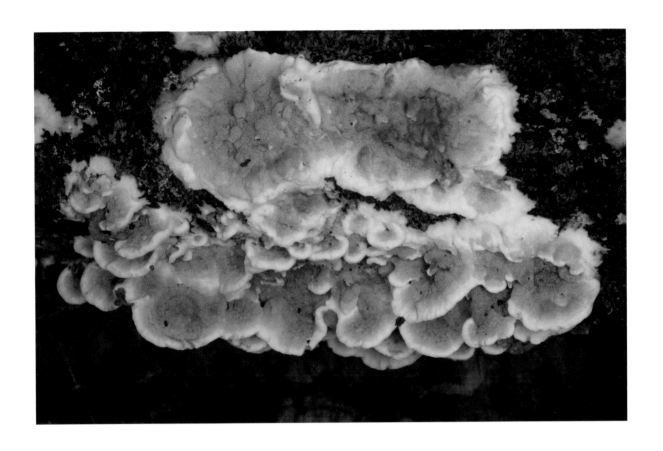

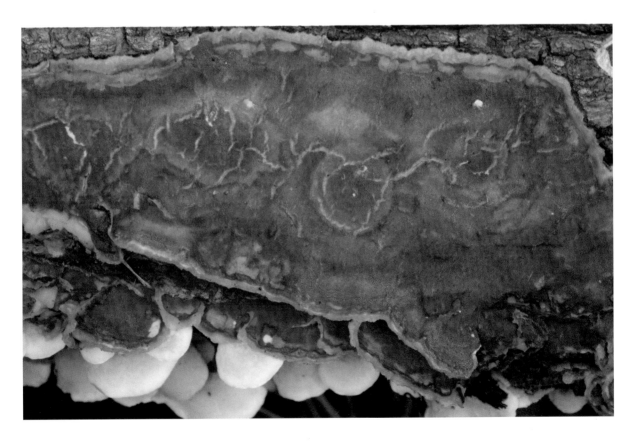

浅黄趋木齿菌 *Xylodon flaviporus*

学　　名：***Xylodon flaviporus* (Berk. & M.A. Curtis ex Cooke) Riebesehl & Langer**, *Mycol. Progr.*
16(6): 646 (2017)

同物异名：≡ ***Hyphodontia flavipora* (Berk. & M.A. Curtis ex Cooke) Sheng H. Wu**, *Mycotaxon* 76:
54 (2000)

≡ ***Schizopora flavipora* (Berk. & M.A. Curtis ex Cooke) Ryvarden**, *Mycotaxon* 23: 186
(1985)

分类地位：真菌界 Fungi，担子菌门 Basidiomycota，蘑菇纲 Agaricomycetes，刺革菌目 Hymenochaetales，
裂孔菌科 Schizoporaceae。

形态特征：子实体一年生，平伏，不易与基物剥离，新鲜时肉质，干后软木栓质，长可达 50 cm，
宽可达 8 cm，厚可达 2 mm。子实层体孔状，后期裂齿状。孔口表面新鲜时奶油色、
浅黄色至土黄色，干后浅黄色至肉色；多角形，每毫米 3～6 个；边缘厚，撕裂状。
不育边缘不明显。菌肉浅黄色，厚可达 0.5 mm。菌管与菌肉同色，长可达 1.5 mm。
担孢子 3.5～4.2 μm × 2.5～3.1 μm，宽椭圆形至卵圆形，无色，薄壁，光滑，非淀
粉质，不嗜蓝。

生　　境：夏秋季生于阔叶树腐木和落枝上，造成木材白色腐朽。

分　　布：全国各地均有分布。

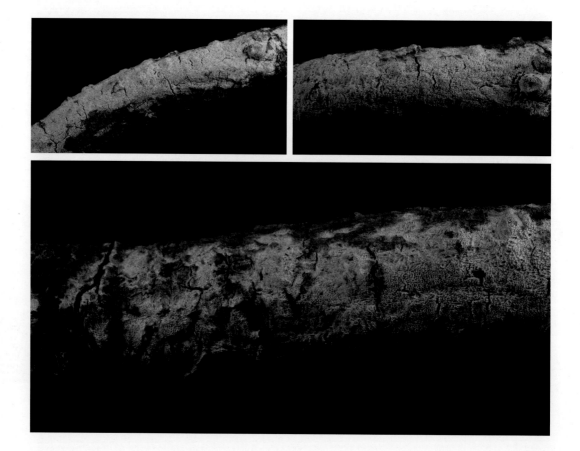

第五章

伞 菌

CHAPTER V
AGARICS

大紫蘑菇 *Agaricus augustus*

学　　名：***Agaricus augustus* Fr.**, *Epicr. syst. mycol.* (Upsaliae): 212 (1838)

同物异名：≡ ***Psalliota augusta* (Fr.) Quél.**, *Mém. Soc. Émul. Montbéliard*, Sér. 2 5: 255 (1872)

中文俗名：橙黄蘑菇、窄褶菇。

分类地位：真菌界 Fungi，担子菌门 Basidiomycota，蘑菇纲 Agaricomycetes，蘑菇目 Agaricales，蘑菇科 Agaricaceae。

形态特征：菌盖直径 9 ～ 20 cm，初期近球形、渐变为扁半球形，后期平展，密布褐色鳞片，中部鳞片呈块状。菌肉厚，白色，伤后变黄色。菌褶离生，初期灰白色，渐变为粉红色，后期呈暗紫褐色至黑褐色。菌柄长 8 ～ 17 cm，直径 2 ～ 3.5 cm，基部膨大，菌环以上光滑，菌环以下覆有小鳞片。菌环双层，上位，白色或枯草黄色，膜质。担孢子 7.0 ～ 9.5 μm × 5 ～ 6.5 μm，椭圆形至近卵圆形，光滑，褐色。

生　　境：夏秋季丛生于针阔混交林中地上。

分　　布：分布于我国东北、华北、西北和青藏高原等地区。

用　　途：可食。

布莱萨蘑菇 *Agaricus bresadolanus*

学　　名：***Agaricus bresadolanus* Bohus** [as '*bresadolianus*'], *Annls hist.-nat. Mus. natn. hung.* 61: 154 (1969)

同物异名：= ***Agaricus radicatus* (Vittad.) Romagn.**, *Bull. trimest. Soc. mycol. Fr.* 54: 129 (1938)

中文俗名：假根蘑菇。

分类地位：真菌界 Fungi，担子菌门 Basidiomycota，蘑菇纲 Agaricomycetes，蘑菇目 Agaricales，蘑菇科 Agaricaceae。

形态特征：菌盖直径 4～9 cm，污白色，初期半球形，后渐平展，中部具黄褐色或浅褐色的平伏鳞片，向边缘渐稀少。菌肉白色，较厚，伤后稍变暗红色。菌褶离生，初期灰白色、粉红色，后期渐变为褐色至黑褐色，较密。菌柄长 5～6.5 cm，直径 8～12 mm，白色；菌环以下具白色鳞片，渐变褐色，后期脱落；基部膨大，具短小假根，伤后变浅黄色。菌环单层，上位，白色，膜质，较易脱落。担孢子 6.5～8.0 μm × 4.5～5.5 μm，椭圆形，光滑，褐色。

生　　境：秋季单生或散生于林中地上。

分　　布：分布于我国华北地区。

用　　途：可食。

白林地蘑菇 *Agaricus sylvicola*

学　　名：***Agaricus sylvicola* (Vittad.) Peck** [as '*silvicola*'], *Ann. Rep. Reg. N.Y. St. Mus.* 23: 97 (1872)

同物异名：≡ ***Psalliota sylvicola* (Vittad.) Richon & Roze**, *Fl. champ. com. ven.*: pl. 7 (1885)

分类地位：真菌界 Fungi，担子菌门 Basidiomycota，蘑菇纲 Agaricomycetes，蘑菇目 Agaricales，蘑菇科 Agaricaceae。

形态特征：菌盖直径 5～11 cm，初期近球形至扁半球形，渐变为凸镜形，后期渐平展，白色或浅黄色，中部颜色呈浅褐色，具平伏的丝状纤毛，边缘常开裂。菌肉白色。菌褶离生，初期白色，渐变粉红色、褐色、黑褐色。菌柄长 6～13 cm，直径 0.5～1.5 cm，污白色，近圆柱形，基部稍膨大，伤后变黄色。菌环单层，上位，白色，膜质，下垂。担孢子 5.0～6.5 μm × 3.0～4.5 μm，圆形至卵形，光滑，暗褐色。

生　　境：夏秋季单生或散生于林中地上。

分　　布：分布于我国东北、华北、西北、华中等地区。

用　　途：可食。

淡茶色蘑菇 *Agaricus urinascens*

学　　名：***Agaricus urinascens* (Jul. Schäff. & F.H. Møller) Singer**, *Lilloa* 22: 431 (1951)

同物异名：≡ ***Psalliota urinascens* Jul. Schäff. & F.H. Møller**, *Annls mycol.* 36(1): 79 (1938)

中文俗名：麻脸蘑菇。

分类地位：真菌界 Fungi，担子菌门 Basidiomycota，蘑菇纲 Agaricomycetes，蘑菇目 Agaricales，蘑菇科 Agaricaceae。

形态特征：菌盖直径 9 ～ 16 cm，初期球形、扁半球形，后期渐平展；初期近白色，后期渐变为浅黄色；表面具麻点状平伏的褐色细鳞片。菌肉白色，厚。菌褶离生，近白色，渐变为粉红色至黑褐色，密，不等长。菌柄长 5.5 ～ 8 cm，直径 1.2 ～ 1.8 cm，白色，具浅黄色细鳞片，内部松软至实心，基部稍膨大，向上渐细。菌环单层，中位至上位，白色，膜质，较大而厚，不易脱落。担孢子 10.5 ～ 12 μm × 6 ～ 7 μm，椭圆形，光滑，褐色。

生　　境：春至秋季单生至群生于草地上。

分　　布：分布于我国东北、华北、西北、华中等地区。

用　　途：可食。

黄斑蘑菇 *Agaricus xanthodermus*

学　　名：***Agaricus xanthodermus* Genev**., *Bull. Soc. bot. Fr.* 23: 31 (1876)

同物异名：≡ ***Pratella xanthoderma* (Genev.) Gillet**, *Tabl. analyt. Hyménomyc. France* (Alençon): 129 (1884)

分类地位：真菌界 Fungi，担子菌门 Basidiomycota，蘑菇纲 Agaricomycetes，蘑菇目 Agaricales，蘑菇科 Agaricaceae。

形态特征：菌盖直径 4～8 cm，初时凸镜形或近方形，后渐平展；表面污白色，中央带淡棕色，光滑；边缘内卷，浅黄色。菌肉白色。菌褶淡粉色至黑褐色，较密，离生。菌柄长 5～15 cm，直径 1～2 cm，圆柱形，近基部膨大，白色，光滑，幼时实心，成热后空心，基部球形膨大处黄色。菌环中上位，膜质。担孢子 5.0～6.5 μm × 3.0～4.5 μm，椭圆形，光滑，棕褐色。

生　　境：夏秋季单生于林中地上、草地上、花园中。

分　　布：主要分布于我国华北、西北、青藏高原等地区。

用　　途：有毒。

田头菇 *Agrocybe praecox*

学　　名：***Agrocybe praecox* (Pers.) Fayod**, *Annls Sci. Nat., Bot.*, sér. 7 9: 358 (1889)

同物异名：≡ ***Agaricus praecox* Pers.**, *Comm. Schaeff. Icon. Pict.*: 89 (1800)

中文俗名：春生田头菇、早生白菇。

分类地位：真菌界 Fungi，担子菌门 Basidiomycota，蘑菇纲 Agaricomycetes，蘑菇目 Agaricales，球盖菇科 Strophariaceae。

形态特征：菌盖直径 2 ～ 8 cm，初期圆锥形，后期扁半球形至扁平状具突起，后渐伸展至扁平状，有时稍突起；表面水浸状，湿时呈赭色至淡黄褐色、淡褐灰色；边缘幼时内卷，后渐平展，有时呈白色，湿时黏，光滑，或具皱纹或龟裂，幼时常有菌幕残片。菌肉白色至淡黄色，较薄。菌褶直生至近弯生，较密，不等长，初浅褐色后深褐色，具同色或颜色较浅的细小齿状边缘。菌柄长 3 ～ 10 cm，直径 0.3 ～ 1.2 cm，白色、浅黄褐色或淡褐色，基部稍膨大并且具白色菌索。菌环上位，白色，膜质，易脱落。担孢子 8 ～ 13 μm × 6.5 ～ 8.0 μm，卵圆形至椭圆形，具明显芽孔，光滑，蜜黄色。

生　　境：春季散生或群生于稀疏的林中地上或田野、路边草地上。

分　　布：分布于我国大部分地区。

用　　途：可食。

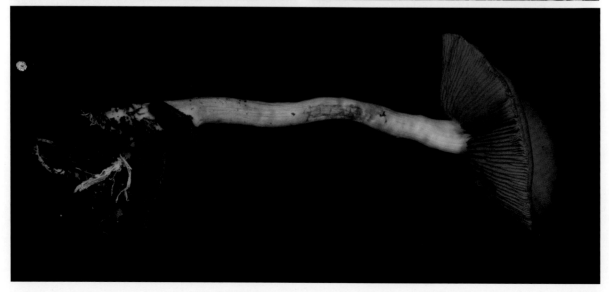

拟帽鹅膏 *Amanita calyptratoides*

学　　名：***Amanita calyptratoides* Peck**, *Bull. Torrey bot. Club* 36(6): 329 (1909)

同物异名：≡ ***Venenarius calyptratoides* (Peck) Murrill**, *Mycologia* 4(5): 241 (1912)

分类地位：真菌界 Fungi，担子菌门 Basidiomycota，蘑菇纲 Agaricomycetes，蘑菇目 Agaricales，鹅
　　　　　膏科 Amanitaceae。

形态特征：菌盖直径 4～8 cm，肉质，初期钟形，后期平展，边缘具条纹，灰褐色至铅色，有时
　　　　　为赭褐色至奶油色、肉白色，味淡。菌褶不等长，白色。菌柄长 8～12 cm，直径
　　　　　0.8～1.6 cm，空心，顶部具条纹，白色，菌环易破碎而消失或变得不明显。担孢子
　　　　　10～12 μm × 6～8 μm，椭圆形至长椭圆形，表面光滑，无色。

生　　境：生于橡树林、针阔混交林等。

分　　布：分布于陕西。

芥黄鹅膏 *Amanita subjunquillea*

学　　名：***Amanita subjunquillea*** **S. Imai**, *Bot. Mag.*, Tokyo 47: 424 (1933)

同物异名：≡ ***Amanitina subjunquillea*** **(S. Imai) E.-J. Gilbert**, in Bresadola, *Iconogr. mycol.*, Suppl. I (Milan) 27: 78 (1940)

分类地位：真菌界 Fungi，担子菌门 Basidiomycota，蘑菇纲 Agaricomycetes，蘑菇目 Agaricales，鹅膏科 Amanitaceae。

形态特征：菌盖直径 3 ~ 6 cm，黄褐色、污橙黄色至芥黄色。菌肉白色，近菌盖表皮附近黄色，伤不变色。菌褶离生，不等长，白色。菌柄长 4 ~ 12 cm，直径 0.3 ~ 1.0 cm，圆柱形，白色至浅黄色；基部近球形，直径 1 ~ 2 cm。菌环近顶生至上位，白色。菌托浅杯状，白色至污白色。担孢子 6.5 ~ 9.5 μm × 6 ~ 8 μm，球形至近球形，光滑，无色，淀粉质。

生　　境：夏秋季生于林中地上。

分　　布：分布于我国大部分地区。

用　　途：剧毒，勿食。

残托鹅膏 *Amanita sychnopyramis*

学　　名：***Amanita sychnopyramis* Corner & Bas**, *Persoonia* 2(3): 291 (1962)

同物异名：≡ ***Amanita sychnopyramis* f**. *subannulata* **Hongo**, *Memoirs of Shiga University* 21: 63 (1971)

中文俗名：小豹斑鹅膏。

分类地位：真菌界 Fungi，担子菌门 Basidiomycota，蘑菇纲 Agaricomycetes，蘑菇目 Agaricales，
　　　　　鹅膏科 Amanitaceae。

形态特征：子实体单生。菌盖直径 3 ～ 9 cm，初半球形，后平展，中央稍凹，表面湿时稍粘，
　　　　　灰褐色至暗褐色，散生许多小形角锥、白色至淡灰褐色的菌托破片，边缘有放射状沟纹。
　　　　　菌肉白色，薄。菌褶白色，离生，宽 0.40 ～ 0.11 cm。菌柄 0.35 ～ 1.2 cm × 0.4 ～ 1.0 cm，
　　　　　几乎白色，基部膨大倒卵形，其上有数圈小的菌托破片。菌环白色，极薄，不脱落
　　　　　或脱落。孢子球形至近球形，6.5 ～ 9 μm × 6.0 ～ 7.5 μm，非淀粉质。

生　　境：夏秋生于阔叶林或针阔混交林中地上。

分　　布：分布于我国华北、华中、华南等地。

用　　途：毒菌。

黄小蜜环菌 *Armillaria cepistipes*

学　　名：***Armillaria cepistipes* Velen**. [as '*cepaestipes*'], České Houby 2: 283 (1920)

同物异名：≡ ***Armillaria cepistipes* f. *pseudobulbosa* Romagn. & Marxm**., *Bull. trimest. Soc. mycol. Fr.* 99(3): 314 (1983)

分类地位：真菌界 Fungi，担子菌门 Basidiomycota，蘑菇纲 Agaricomycetes，蘑菇目 Agaricales，泡头菌科 Physalacriaceae。

形态特征：菌盖初期扁半球形，边缘内卷且留有薄膜质的白色菌幕残余，后渐平展，蜜黄色至黄色或棕黄色，中央较暗，边缘近白色，盖表被深褐色鳞片，中部较密；菌褶白色，延生，不等长；菌柄中生，近圆柱形，菌环以上白色，以下棕黄色，被有成簇的棕色绒毛状鳞片；菌环上位，膜质，薄，上表面白色，下表面灰白色。担子 22～46 μm × 8～11 μm，棒状，具 4 小梗，稀具 2 小梗，小梗长 4.0～5.5 μm；担孢子 (8.0～) 8.5～10.0 (～10.5) μm × 5.0～6.0 (～6.5) μm，椭圆形至长椭圆形，非淀粉质；锁状联合多见于担子基部及菌褶菌髓中。

生　　境：夏秋季生于针叶林中地上或树干基部。

分　　布：分布于四川、云南、陕西等地。

用　　途：可食。

蜜环菌 *Armillaria mellea*

学　　名：***Armillaria mellea* (Vahl) P. Kumm.**, *Führ. Pilzk.* (Zerbst): 134 (1871)

同物异名：≡ ***Armillariella mellea* (Vahl) P. Karst.**, *Acta Soc. Fauna Flora fenn.* 2(no. 1): 4 (1881)

中文俗名：榛蘑、小蜜环菌、蜜环蕈、栎蘑。

分类地位：真菌界 Fungi，担子菌门 Basidiomycota，蘑菇纲 Agaricomycetes，蘑菇目 Agaricales，泡头菌科 Physalacriaceae。

形态特征：菌盖直径 3 ～ 7 cm，扁半球形至平展，蜜黄色至黄褐色，被有棕色至褐色鳞片，中部较密。菌肉近白色至淡黄色，伤不变色。菌褶直生至短延生，近白色至淡黄色或带褐色，较菌盖色浅。菌柄长 5 ～ 10 cm，直径 0.3 ～ 1.0 cm，圆柱形，菌环以上白色有环以下灰褐色，被灰褐色鳞片菌环上位，上表面白色，下表面浅褐色。担孢子 8.5 ～ 10 μm × 5 ～ 6 μm，椭圆形至长椭圆形，光滑，无色，非淀粉质。

生　　境：夏秋季生于树木或腐木上。

分　　布：分布于我国大部分地区。

用　　途：可食，可人工栽培。

蓝紫褶菇 *Chromosera cyanophylla*

学　　名：***Chromosera cyanophylla* (Fr.) Redhead, Ammirati & Norvell**, in Redhead, Ammirati, Norvell, Vizzini & Contu, *Mycotaxon* 118: 456 (2011)

同物异名：≡ ***Omphalia cyanophylla* (Fr.) Quél.**, *Mém. Soc. Émul. Montbéliard*, Sér. 2 5: 99 (1872)

分类地位：真菌界 Fungi，担子菌门 Basidiomycota，蘑菇纲 Agaricomycetes，蘑菇目 Agaricales，蜡伞科 Hygrophoraceae。

形态特征：子实体小型。子实体菌盖宽 0.6 ～ 2.5 cm，宽凸镜型至平展，成熟后菌盖中央处具有一个凹陷，表面光滑，鲜时粘，具有透明条纹，幼时淡灰紫色，渐变成黄色至黄棕色并带有一个白色的边缘。菌肉薄，黄白色，气味不明显。菌褶近延生，较稀至密，幼时淡紫色，成熟后淡紫色或奶油白色，边缘平滑。菌柄 10 ～ 35 mm × 1 ～ 2 mm，圆柱形，中空，上下近等粗，基部有时近球状膨大，表面光滑，鲜时粘，脆，起初淡紫色，成熟后褪色至黄色或黄棕色，稍带淡紫色。孢子椭圆形或泪滴形，6.0 ～ 7.5 μm × 3 ～ 4 μm 无色，表面光滑，薄壁，非淀粉质。担子棒形，头部粗，近基部细长，28 ～ 35 μm × 4.5 ～ 6.5 μm，薄壁，无色。

生　　境：散生于冷杉 *Abies*、松 *Pinus* 等针叶树腐木上。

分　　布：分布于吉林、陕西等地。

东方灰红褶菌 *Clitocella orientalis*

学　　名： ***Clitocella orientalis* S.P. Jian & Zhu L. Yang**, in Jian, Bau, Zhu, Deng, Yang, Zhao, *Mycologia* 112(2): 391 (2020)

同物异名： 无。

分类地位： 真菌界 Fungi，担子菌门 Basidiomycota，蘑菇纲 Agaricomycetes，蘑菇目 Agaricales，粉褶蕈科 Entolomataceae。

形态特征： 子实体杯伞状，小型至大型。菌盖直径 2～6 cm，凸镜形，中部通常稍下凹；表面白色至灰白色，湿时黏稠；边缘弯曲，后变直。菌肉薄（约 1.5 mm 厚），灰白色。菌褶延生，白色至黄白色，较密至密，高可达 3 mm，边缘全缘，同色，薄而易碎。菌柄 2.5～5.0 cm × 0.3～0.7 cm，中生至偏生，圆柱状至近圆柱状，等粗，通常与菌盖同色，光滑或被绒毛；基部常具白色菌丝体。担子 20～28 μm × 5～7 μm，棍棒状，透明，4 担孢子，少 2 担孢子；担孢子梗长 3～5 μm。担孢子 (4～)4.5～6 μm × 4～5 μm，球形至近球形，从侧面看有时呈宽椭圆形。

生　　境： 散生或群生于我国中部中高海拔（1 500～2 000 m）的针叶林（松林）或阔叶林（栎林）中地上或腐木上。

分　　布： 分布于甘肃、陕西、湖北等地。

落叶杯伞 *Clitocybe phyllophila*

学　　名：***Clitocybe phyllophila* (Pers.) P. Kumm**., *Führ. Pilzk.* (Zerbst): 122 (1871)

同物异名：≡ ***Lepista phyllophila* (Pers.) Harmaja**, *Karstenia* 15: 15 (1976)

中文俗名：白杯伞、白杯蕈。

分类地位：真菌界 Fungi，担子菌门 Basidiomycota，蘑菇纲 Agaricomycetes，蘑菇目 Agaricales，口蘑科 Tricholomataceae。

形态特征：菌盖直径 4.5～11.0 cm，初期扁球形，后期呈漏斗形，白色，表面具有白色绒毛，边缘光滑。菌肉白色，伤不变色。菌褶延生，稍密，白色，不等长，褶缘近平滑。菌柄长 4～9 cm，直径 0.4～1.2 cm，圆柱形，中生，微弯曲，白色，表面具纤细绒毛，空心。担孢子 4.5～7 μm×2.8～4 μm，椭圆形、柠檬形，光滑，无色。

生　　境：群生于阔叶林中地上。

分　　布：分布于我国东北、华北、内蒙古、华南等地区。

用　　途：有毒。

大把子杯桩菇 *Clitopaxillus dabazi*

学　　名：***Clitopaxillus dabazi* L. Fan & H. Liu**, in Li, Liu, Guo & Fan, *Mycosystema* 39(9): 1724 (2020)

同物异名：无。

中文俗名：大把子、大把子蘑菇、松针菇。

分类地位：真菌界 Fungi，担子菌门 Basidiomycota，蘑菇纲 Agaricomycetes，蘑菇目 Agaricales，假杯伞科 Pseudoclitocybaceae。

形态特征：担子果中型至大形，菌盖初期半球形至扁半球形，边缘内卷，后直径渐渐增大并平展，老熟后或多或少上翻，中部平或稍下凹，光滑，无毛，边缘整齐，无条纹，干燥，灰白色、浅灰褐色或土黄褐色，5～25 cm；菌褶灰白色、灰浅土褐色，不等长，较密，直生；菌柄4～15 cm，粗1～4 cm，幼时基部明显膨大呈棒状或瓶状，后上部渐渐变粗，成熟后棒状或圆柱状，与菌盖同色或灰白色，中实但稍疏松，表面平滑或有不明显的纤毛状鳞片，近基部常水渍状。菌肉污白色，气味清淡，味道不苦、不辣；担孢子椭圆形，5.2～7.0 μm×3.0～4.5 μm，无色，表面光滑，通常含有一个中央大油滴，弱淀粉质，弱嗜蓝反应。担子棒状，17.5～32.5 μm×5.0～7.5 μm，4孢子，小梗通常短于 2.5 μm。

生　　境：单生或群生，见于云杉和落叶松为建群种的林下草地上，常形成蘑菇圈，秋季产生。

分　　布：分布于山西、陕西等地。

讨　　论：大把子杯桩菇（*C. dabazi*）是 2020 年报道的新物种，在山西省吕梁山区率先被发现，俗称为"大把子"，是一种传统野生食用蘑菇，因其菌杆粗壮、伞大肥厚、菌香浓郁、营养价值较高，深受市场青睐和当地群众喜爱。在陕西省延安市黄龙山林区亦是民众采食的主要野生菌。该菌在延安主要以黄龙山林区大岭至旗杆庙梁北坡为中心分布，宜川县集义镇、黄龙县白马滩镇有零星分布，多见于油松、落叶松纯林或松栎混交林内枯枝落叶层。

群生拟金钱伞 Collybiopsis confluens

学　　名：***Collybiopsis confluens*** **(Pers.) R.H. Petersen**, in Petersen & Hughes, *Mycotaxon* 136(2): 341 (2021)

同物异名：≡ ***Collybia confluens*** **(Pers.) P. Kumm.**, *Führ. Pilzk.* (Zerbst): 117 (1871)

分类地位：真菌界 Fungi，担子菌门 Basidiomycota，蘑菇纲 Agaricomycetes，蘑菇目 Agaricales，小皮伞科 Marasmiaceae。

形态特征：菌盖直径 1.5 ～ 4 cm，钟形至凸镜形，后渐平展，中部微突起，光滑，具放射状条纹或小纤维，淡褐色至淡红褐色。菌肉较薄，淡褐色。菌褶弯生至离生，稠密，窄，不等长，浅灰褐色至米黄色，褶缘白色。菌柄长 4.0 ～ 8.5 cm，直径 3 ～ 6 mm，圆柱形，中生，表面光滑或具沟纹，淡红褐色，向基部颜色渐深，具白色绒毛。担孢子 5.7 ～ 8.6 μm × 3.1 ～ 4.4 μm，椭圆形，光滑，无色，非淀粉质。

生　　境：夏季或秋季群生或近丛生于林中腐枝层或落叶层上。

分　　布：分布于我国大部分地区。

用　　途：可食。

白小鬼伞 *Coprinellus disseminatus*

学　　名：***Coprinellus disseminatus* (Pers.) J.E. Lange** [as '*disseminata*'], *Dansk bot. Ark.* 9(no. 6): 93 (1938)

同物异名：≡ ***Coprinus disseminatus* (Pers.) Gray**, *Nat. Arr. Brit. Pl.* (London) 1: 634 (1821)
　　　　　≡ ***Pseudocoprinus disseminatus* (Pers.) Kühner**, *Botaniste* 20: 156 (1928)

分类地位：真菌界 Fungi，担子菌门 Basidiomycota，蘑菇纲 Agaricomycetes，蘑菇目 Agaricales，小脆柄菇科 Psathyrellaceae。

形态特征：菌盖直径 5～10 mm，初期卵形至钟形，后期平展，淡褐色至黄褐色，被白色至褐色颗粒状至絮状鳞片，边缘具长条纹。菌肉近白色，薄。菌褶初期白色，后转为褐色至近黑色，成熟时不自溶或仅缓慢自溶。菌柄长 2～4 cm，直径 1～2 mm，白色至灰白色。菌环无。担孢子 6.5～9.5 μm × 4～6 μm，椭圆形至卵形，光滑，淡灰褐色，顶端具芽孔。

生　　境：夏秋季生于路边、林中的腐木或草地上。

分　　布：分布于我国大部分地区。

用　　途：有文献记载幼时可食，但老时有毒，加之个体很小，故建议不食。

晶粒小鬼伞 *Coprinellus micaceus*

学　　名：***Coprinellus micaceus* (Bull.) Vilgalys, Hopple & Jacq. Johnson**, in Redhead, Vilgalys, Moncalvo, Johnson & Hopple, *Taxon* 50(1): 234 (2001)

同物异名：≡ ***Coprinus micaceus* (Bull.) Fr.**, *Epicr. syst. mycol.* (Upsaliae): 247 (1838)

分类地位：真菌界 Fungi，担子菌门 Basidiomycota，蘑菇纲 Agaricomycetes，蘑菇目 Agaricales，小脆柄菇科 Psathyrellaceae。

形态特征：菌盖直径 2 ～ 4 cm，初期卵形至钟形，后期平展，成熟后盖缘向上翻卷，淡黄色黄褐色、红褐色至赭褐色，向边缘颜色渐浅呈灰色，水浸状；幼时有白色的颗粒状晶体，后渐消失；边缘有长条纹。菌肉近白色至淡赭褐色，薄，易碎。菌褶初期米黄色，后转为黑色，成熟时缓慢自溶。菌柄长 3 ～ 8.5 cm，直径 2 ～ 5 mm，圆柱形，近等粗，有时基部呈棒状或球茎状膨大，白色，具白色粉霜，后较光滑且渐变淡黄色，脆，空心。菌环无。担孢子 7 ～ 10 μm × 5 ～ 6 μm，椭圆形，光滑，灰褐色至暗棕褐色，顶端具平截芽孔。

生　　境：春至秋季丛生或群生于阔叶林中树根部地上。

分　　布：全国各地均有分布。

用　　途：有文献记载幼时可食，但建议不食。

辐毛小鬼伞 *Coprinellus radians*

学　　名：***Coprinellus radians* (Desm.) Vilgalys, Hopple & Jacq. Johnson**, in Redhead, Vilgalys, Moncalvo, Johnson & Hopple, *Taxon* 50(1): 234 (2001)

同物异名：≡ ***Coprinus radians* (Desm.) Fr.**, *Epicr. syst. mycol.* (Upsaliae): 248 (1838)

分类地位：真菌界 Fungi，担子菌门 Basidiomycota，蘑菇纲 Agaricomycetes，蘑菇目 Agaricales，小脆柄菇科 Psathyrellaceae。

形态特征：菌盖幼时直径 0.2 ~ 0.6 cm，高 0.2 ~ 0.8 cm，成熟时直径达 0.5 ~ 2.5 cm，初期球形至卵圆形，后渐展开且盖缘上卷，具有白色的毛状鳞片，中部呈赭褐色、橄榄灰色，边缘白色，具小鳞片及条纹，老时开裂。菌肉薄，初期灰褐色。菌褶弯生至离生，幼时白色，后渐变黑色，稀，不等长，褶缘平滑。菌柄长 2.0 ~ 6.5 cm，直径 1 ~ 4 mm，圆柱形，向下渐粗，脆且易碎，空心。菌柄基部至基物表面上常有牛毛状菌丝覆盖。担孢子 10 ~ 12 μm × 6 ~ 7.5 μm，椭圆形，表面光滑，灰褐色至暗棕褐色，具有明显的芽孔。

生　　境：春至秋季生于树桩及倒腐木上，往往成群丛生。

分　　布：分布于我国东北、华北、西北等地区。

墨汁拟鬼伞 *Coprinopsis atramentaria*

学　　名：***Coprinopsis atramentaria* (Bull.) Redhead, Vilgalys & Moncalvo**, in Redhead, Vilgalys, Moncalvo, Johnson & Hopple, *Taxon* 50(1): 226 (2001)

同物异名：≡ ***Coprinus atramentarius* (Bull.) Fr.**, *Epicr. syst. mycol.* (Upsaliae): 243 (1838)

分类地位：真菌界 Fungi，担子菌门 Basidiomycota，蘑菇纲 Agaricomycetes，蘑菇目 Agaricales，小脆柄菇科 Psathyrellaceae。

形态特征：菌盖直径 3.5 ～ 8.5 cm，初期卵圆形，后渐展开呈钟形至圆锥形，老时盖缘上卷，开伞时液化流墨汁状汁液，有褐色鳞片，边缘近光滑。菌肉薄，初期白色，后变为灰白色。菌褶弯生，密，不等长，幼时白色至灰白色，后渐变成灰褐色至黑色，最后变成黑色汁液。菌柄长 3.5 ～ 8.5 cm，直径 0.6 ～ 1.2 cm，圆柱形，向下渐粗，表面白色至灰白色，表面光滑或有纤维状小鳞片，空心。担孢子 7.5 ～ 10.0 μm × 5 ～ 6 μm，椭圆形至宽椭圆形，光滑，深灰褐色至黑褐色，具有明显的芽孔。

生　　境：春至秋季在林中、田野、路边、村庄、公园等有腐木的地方丛生。

分　　布：全国各地均有分布。

用　　途：幼时可食，因老时有毒，建议不食。

毛头鬼伞 *Coprinus comatus*

学　　名：***Coprinus comatus* (O.F. Müll.) Pers.**, *Tent. disp. meth. fung.* (Lipsiae): 62 (1797)

同物异名：= ***Coprinus ovatus* (Schaeff.) Fr.**, *Epicr. syst. mycol.* (Upsaliae): 242 (1838)

中文俗名：鸡腿菇、鸡腿蘑。

分类地位：真菌界 Fungi，担子菌门 Basidiomycota，蘑菇纲 Agaricomycetes，蘑菇目 Agaricales，蘑菇科 Agaricaceae。

形态特征：菌盖高 6 ～ 11 cm，直径 3 ～ 6 cm，幼圆筒形，后呈钟形，最后平展；初白色，有绢丝样光泽，顶部淡土黄色，光滑，后渐变深色，表皮开裂成平伏而反卷的鳞片；边缘具细条纹，有时呈粉红色。菌肉白色，中央厚，四周薄。菌褶初白色，后变为粉灰色至黑色，后期与菌盖边缘一同自溶为墨汁状。菌柄长 7 ～ 25 cm，直径 1 ～ 2 cm，圆柱形，基部纺锤形并深入土中，光滑，白色，空心，近基部渐膨大并向下渐细。菌环白色，膜质，后期可以上下移动，易脱落。担孢子 12.5 ～ 19 μm × 7.5 ～ 11.0 μm，椭圆形，光滑，黑色。

生　　境：夏秋季群生或单生于草地、林中空地、路旁或田野上。

分　　布：分布于我国东北、华北、华中等地区。

用　　途：幼时可食；已有人工栽培。

黄棕丝膜菌 *Cortinarius cinnamomeus*

学　　名：***Cortinarius cinnamomeus* (L.) Gray** [as '*Cortinaria*'], *Nat. Arr. Brit. Pl.* (London) 1: 630 (1821)

同物异名：≡ ***Dermocybe cinnamomea* (L.) Wünsche**, *Die Pilze*: 125 (1877)

分类地位：真菌界 Fungi，担子菌门 Basidiomycota，蘑菇纲 Agaricomycetes，蘑菇目 Agaricales，丝膜菌科 Cortinariaceae。

形态特征：菌盖直径 2～6 cm，中部钝或具突起，表面干，青黄色、黄褐色或红褐色，中部色深，密被浅黄褐色小鳞片或放射状纤毛。菌肉浅橘黄色或稻草黄色，后变至褐色，薄，味柔和。菌褶直生至弯生，密，铬黄色、橘黄色或青黄色，后变至褐色或锈褐色。菌柄长 3～8 cm，直径 3～7 mm，圆柱形，上下等粗或稍弯曲，有时基部膨大呈球茎状，黄色至土黄色，被褐色细毛，伤后变暗色，实心至空心，基部常附有黄色菌索。内菌幕上位，蛛丝网状，黄色，易消失。担孢子 5.5～8.5 μm×4.0～5.5 μm，柠檬形至宽椭圆形，稍粗糙，有麻点，淡锈褐色。

生　　境：秋季群生或近丛生于云杉林等针叶林至针阔混交林中地上。

分　　布：分布于我国东北、华北、西北和青藏高原等地区。

用　　途：有条件食用菌。

半毛盖丝膜菌 *Cortinarius hemitrichus*

学　　名：***Cortinarius hemitrichus* (Pers.) Fr.**, *Epicr. syst. mycol.* (Upsaliae): 302 (1838)

同物异名：≡ ***Hydrocybe hemitricha* (Pers.) M.M. Moser**, in Gams, *Kl. Krypt.-Fl. Mitteleuropa - Die Blätter- und Bauchpilze (Agaricales und Gastromycetes)* (Stuttgart) 2: 168 (1953)

中文俗名：半被毛丝膜菌。

分类地位：真菌界 Fungi，担子菌门 Basidiomycota，蘑菇纲 Agaricomycetes，蘑菇目 Agaricales，丝膜菌科 Cortinariaceae。

形态特征：菌盖直径 3 ~ 5 cm，初时半球形至圆锥形，覆有少量深褐色绒毛，后期展开呈斗笠形；盖皮易剥落，干后出现龟裂；盖面褐色至锈褐色，中部深褐色；盖缘常覆有污白色残片。菌肉淡黄色，较薄。菌褶直生或弯生，初时浅黄褐色，后期锈褐色，不等长，较密，宽幅。菌柄长 12 ~ 14 cm，直径 0.7 ~ 1.6 cm，圆柱形，初时污白色至紫褐色，后期黄褐色至污褐色，内部松软至实心。内菌幕上位，丝膜状，有时可形成菌环，初白色，后锈褐色。担孢子 5 ~ 10 μm × 4 ~ 6 μm，宽椭圆形，表面粗糙，具疣突。

生　　境：夏秋季生于针阔混交林中地上。

分　　布：分布于我国东北、华北、西北和青藏高原等地区。

用　　途：有条件食用菌。

红环丝膜菌 *Cortinarius rubrocinctus*

学　　名：***Cortinarius rubrocinctus* Reumaux**, in Bidaud, Moënne-Loccoz, Reumaux & Henry, *Atlas des Cortinaires* (Meyzieu) 7: 230 (1995)

同物异名：= ***Cortinarius uraceoarmillatus* Bidaud**, in Bidaud, Carteret, Reumaux & Moënne-Loccoz, *Atlas des Cortinaires* (Meyzieu) 20: 1608 (2012)

分类地位：真菌界 Fungi，担子菌门 Basidiomycota，蘑菇纲 Agaricomycetes，蘑菇目 Agaricales，丝膜菌科 Cortinariaceae。

形态特征：子实体小型。菌盖深褐色，初时半球形至圆锥形，后期展开呈斗笠形，水浸状。菌褶初期浅褐色，后期棕色。菌柄圆柱形，具灰白色丝状纤维。内菌幕上位，初期白色至灰白色，后期锈褐色。担孢子 7.1 ～ 8.9 μm × 4.8 ～ 5.8 μm，倒卵形至椭圆形，具疣突，拟糊精质，淡锈褐色。担子 17.8 ～ 22.6 μm × 4.5 ～ 6.6 μm，棍棒状。

生　　境：夏秋季生于阔叶林或针阔混交林中地上。

分　　布：分布于陕西省黄龙山，该菌为中国新记录种。

平盖靴耳 *Crepidotus applanatus*

学　　名：***Crepidotus applanatus* (Pers.) P. Kumm.**, *Führ. Pilzk.* (Zerbst): 74 (1871)

同物异名：= ***Crepidotus putrigenus* (Berk. & M.A. Curtis) Sacc.**, *Syll. fung.* (Abellini) 5: 883 (1887)

分类地位：真菌界 Fungi，担子菌门 Basidiomycota，蘑菇纲 Agaricomycetes，蘑菇目 Agaricales，
　　　　　靴耳科 Crepidotaceae。

形态特征：菌盖宽 1 ～ 4 cm，扇形、近半圆形或肾形，扁平，表面光滑，湿时水浸状，白色
　　　　　或黄白色，有茶褐色担孢子粉，后变至带褐色或浅土黄色，干时白色、黄白色或带
　　　　　浅粉黄色，盖缘湿时具条纹，薄，内卷，基部有白色软毛。菌肉薄，白色至污白色，
　　　　　柔软。菌褶从基部放射状生出，延生，较密，不等长，初期白色，后变至浅褐色或
　　　　　肉桂色。无菌柄或具短柄。担孢子 4.5 ～ 7 μm × 4.5 ～ 6.5 μm，宽椭圆形、球形至
　　　　　近球形，密生细小刺，或有麻点或小刺疣，淡褐色或锈色。

生　　境：夏秋季群生、叠生或近覆瓦状生于阔叶树腐木或倒伏的阔叶树腐木上。

分　　布：分布于我国东北、华北地区。

球孢靴耳 *Crepidotus cesatii*

学　　名：***Crepidotus cesatii*** (**Rabenh.**) **Sacc.**, *Michelia* 1(no. 1): 2 (1877)

同物异名：= ***Crepidotus sphaerosporus*** (**Pat.**) **J.E. Lange**, *Dansk bot. Ark.* 9(no. 6): 52 (1938)

分类地位：真菌界 Fungi，担子菌门 Basidiomycota，蘑菇纲 Agaricomycetes，蘑菇目 Agaricales，靴耳科 Crepidotaceae。

形态特征：菌盖直径 10 ~ 35 mm，初期钟形至凸镜形，后渐平展，圆形，叶状或肾形，有时边缘瓣裂，内卷，表面白色，密生短绒毛。菌褶密集至稍稀，近直生，幼时白色至肉粉色，成熟后变为褐黄土色。菌肉薄，白色，气味不明显，味道稍带一点苦味。菌柄缺。担孢子 6.5 ~ 8.6 μm × 5.5 ~ 7.2 μm，近球形至宽椭圆形，有不透明的颗粒状内含物或中央有一大油滴，表面具针刺。担子 21 ~ 25 μm × 9.5 ~ 11.2 μm，棒状，具 4 个担子小梗，偶 2 个担子小梗，小梗长约 6 μm，基部具锁状联合。

生　　境：夏秋季生于阔叶树的腐木上。

分　　布：分布于福建、陕西等地。

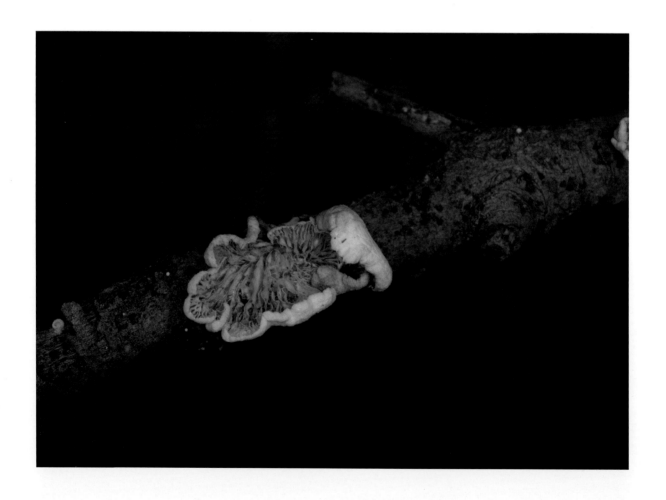

铬黄靴耳 *Crepidotus crocophyllus*

学　　名：***Crepidotus crocophyllus* (Berk.) Sacc**., *Syll. fung*. (Abellini) 5: 886 (1887)

同物异名：≡ ***Agaricus crocophyllus* Berk**., *London J. Bot*. 6: 313 (1847)

分类地位：真菌界 Fungi，担子菌门 Basidiomycota，蘑菇纲 Agaricomycetes，蘑菇目 Agaricales，靴耳科 Crepidotaceae。

形态特征：菌盖直径 10 ～ 50 mm，半球形、贝壳形或扇形，盖面黄褐色，遇 KOH 呈微红色，表面密被暗褐色、黄褐色、橙黄色或红褐色粗纤毛或细鳞片，常聚合成丛毛状小鳞片，偶纤毛较稀少，无光泽，与基物相连处常具有白色或橘黄色绒毛。菌褶从黄褐色绒毛基部延生而出，稠密，初期白色，后淡黄色、黄色或橘色，成熟时变成黄褐色。无菌柄。菌肉柔软，薄，近白色、黄褐色或同盖面色，气味不明显，味道柔和、清淡或稍带一点点苦味。孢子印黄褐色或褐色。 担孢子 5.5 ～ 7.0 µm × 4.5 ～ 5 µm，卵形、球形或近球形，淡赭色，表面粗糙，具小麻点或小刺。担子 (20 ～)30 ～ 40 µm × 5 ～ 8 µm，棒状，具 2 ～ 4 个担子小梗。

生　　境：夏秋季单生、簇生或群生于各种阔叶树腐木上，少数生于针叶树腐木。

分　　布：分布于吉林、四川、云南、贵州、江西、陕西等地。

软靴耳 *Crepidotus mollis*

学　　名：***Crepidotus mollis* (Schaeff.) Stauder**, *Schwämme Mitteldeutschl.* 25: 71 (1857)

同物异名：≡ ***Crepidopus mollis* (Schaeff.) Gray**, *Nat. Arr. Brit. Pl.* (London) 1: 616 (1821)

分类地位：真菌界 Fungi，担子菌门 Basidiomycota，蘑菇纲 Agaricomycetes，蘑菇目 Agaricales，靴耳科 Crepidotaceae。

形态特征：菌盖宽 1 ～ 6 cm，半圆形、扇形、贝壳形，或初期钟形，后期凸镜形至平展，水浸后半透明，黏，干后全部纯白色至灰白色或黄褐色至褐色，稍带黄土色，有绒毛和灰白色粉末，易脱落至光滑。菌柄无。菌肉薄，表皮下似胶质，近白色。菌褶延生至离生，稍密，从盖至基部辐射而出，不等长；初白色，后变为褐色、深肉桂色或淡锈色。担孢子 7.5 ～ 10 μm × 5.0 ～ 6.5 μm，椭圆形或卵圆形，光滑，淡锈色。

生　　境：夏秋季叠生或群生于枯腐木上。

分　　布：分布于我国大部分地区。

用　　途：可食。

硫色靴耳 *Crepidotus sulphurinus*

学　　名：***Crepidotus sulphurinus* Imazeki & Toki**, *Bull. Govt Forest Exp. Stn Meguro* 67: 38 (1954)

同物异名：无。

分类地位：真菌界 Fungi，担子菌门 Basidiomycota，蘑菇纲 Agaricomycetes，蘑菇目 Agaricales，靴耳科 Crepidotaceae。

形态特征：菌盖宽 0.5 ～ 1.0 cm，扇形至贝壳形，黄色、污黄色至硫黄色，基部被细小毛状鳞片，边缘波状或向下卷。菌肉薄，黄色。菌褶稍稀，黄褐色至锈褐色。菌柄侧生而短。担孢子 9 ～ 10 μm × 8 ～ 9 μm，球形至近球形，有小疣，淡锈色。

生　　境：夏秋季生于腐木上。

分　　布：分布于我国华北、华中、华南等地区。

毛鳞囊皮菇 *Cystoagaricus hirtosquamulosus*

学　　名：***Cystoagaricus hirtosquamulosus*** **(Peck) Örstadius & E. Larss**., in Örstadius, Ryberg & Larsson, *Mycol. Progr.* 14(no. 25): 32 (2015)

同物异名：≡ ***Psathyrella hirtosquamulosa*** **(Peck) A.H. Sm**., *Mem. N. Y. bot. Gdn* 24: 44 (1972)

分类地位：真菌界 Fungi，担子菌门 Basidiomycota，蘑菇纲 Agaricomycetes，蘑菇目 Agaricales，小脆柄菇科 Psathyrellaceae。

形态特征：菌盖直径 1 ～ 3(～ 4) cm，半球形至平展，后凸镜形，浅褐色，赭褐色至黑褐色，被白色条纹状鳞片。菌肉浅褐色至淡黄色，薄。菌褶浅褐色至紫褐色，密，不等长。菌柄长 2 ～ 5(～ 6) cm，直径 1.5 ～ 3 mm，白色至浅褐色，被浅色绒毛状纤维鳞片，中空。担子 15 ～ 18(～ 22) μm × 6.0 ～ 8.5 μm，具 4 担孢子。担孢子 6 ～ 7(～ 8) μm × 4.5 ～ 5.5(～ 6) μm，椭圆形，光滑。

生　　境：夏秋季生于腐木上。

分　　布：分布于陕西省黄龙山，该菌为中国新记录种。

半裸囊小伞 *Cystolepiota seminuda*

学　　名：***Cystolepiota seminuda* (Lasch) Bon**, *Docums Mycol.* 6(no. 24): 43 (1976)

同物异名：≡ ***Lepiota seminuda* (Lasch) P. Kumm.**, *Führ. Pilzk.* (Zerbst): 136 (1871)

　　　　　= ***Cystolepiota sistrata* sensu auct. mult.**

分类地位：真菌界 Fungi，担子菌门 Basidiomycota，蘑菇纲 Agaricomycetes，蘑菇目 Agaricales，蘑菇科 Agaricaceae。

形态特征：菌盖直径 0.5 ～ 2.0 cm，表面白色至米色，但中央米色至淡黄褐色，被白色、淡粉红色至淡褐色粉末状鳞片。菌肉白色。菌褶离生，近白色至米色。菌柄长 1.5 ～ 4.0 cm，直径 1 ～ 2 mm，圆柱形，幼时被白色、淡粉红色至淡褐色粉末状鳞片，上半部白色至近白色，仅基部粉红褐色；老时菌柄下方大半部变为淡褐色、粉红褐色或酒红色，仅顶端白色至近白色；菌柄菌肉大部淡紫红色，顶部近白色。菌环上位，白色，易消失。担孢子 3.5 ～ 4.5 µm × 2.5 ～ 3.0 µm，椭圆形，表面光滑或有不明显的小疣，无色。

生　　境：夏季生于针叶林或阔叶林地腐殖质上。

分　　布：分布于我国大部分地区。

红鳞囊小伞 *Cystolepiota squamulosa*

学　　名：***Cystolepiota squamulosa* (T. Bau & Yu Li) Zhu L. Yang**, in Yang & Ge, *Mycosystema* 36(5): 545 (2017)

同物异名：≡ ***Lepiota squamulosa* T**. **Bau & Yu Li**, *J. Fungal Res*. 2(3): 49 (2004)

分类地位：真菌界 Fungi，担子菌门 Basidiomycota，蘑菇纲 Agaricomycetes，蘑菇目 Agaricales，蘑菇科 Agaricaceae。

形态特征：菌盖直径 0.5 ～ 2.0 cm，半球形，后平展，中部突起，密被粉红色鳞片，边缘具外菌幕残余片。菌肉白色，薄。菌褶白色，稍密，弯生。菌柄长 1.8 ～ 3.5 cm，直径 1 ～ 2 mm，中生，纤维质，中下部密被与菌盖表面相同的鳞片。上部白色。菌环上位，易落。担孢子 4.5 ～ 5.5 μm × 2.5 ～ 3.5 μm，椭圆形，光滑，无色，非淀粉质。

生　　境：多生于枯枝落叶上。

分　　布：分布于我国东北、华北地区。

灰鳞环柄菇 *Echinoderma asperum*

学　　名：***Echinoderma asperum* (Pers.) Bon**, *Docums Mycol*. 21(no. 82): 62 (1991)

同物异名：= ***Lepiota acutesquamosa* (Weinm.) P. Kumm.**, *Führ. Pilzk. (Zerbst)*: 136 *(1871)*

　　　　　≡ ***Lepiota aspera* (Pers.) Quél.**, *Enchir. fung.* (Paris): 5 (1886)

分类地位：真菌界 Fungi，担子菌门 Basidiomycota，蘑菇纲 Agaricomycetes，蘑菇目 Agaricales，蘑菇科 Agaricaceae。

形态特征：子实体一般中等大。菌盖直径4～10 cm，初期半球形后近平展，中部稍凸起，表面干，黄褐、浅茶褐至淡褐红色且具有直立或颗粒状尖鳞片，中部密，后期易脱落，边缘内卷常附絮状的白色菌幕。菌肉白色，稍厚。菌褶污白色，离生，密或稍密，不等长，边缘粗糙似齿状。菌柄长 4～10 cm，粗 0.5～1.5 cm，圆柱形，往往基部膨大，同菌盖色，具有近似菌盖上的小鳞片且易脱落，环以上污白色，以下褐色，内部松软至空心。菌环膜质，上面污白而下面同盖色，粗糙，易破碎。孢子印白色。孢子无色，光滑，椭圆形，5～8.6 μm×3.6～4 μm。

生　　境：夏秋季在云杉、冷杉、红松林或阔叶林中地上散生、群生。

分　　布：分布于黑龙江、吉林、安徽、四川、甘肃、陕西、广东和香港、台湾等地区。

晶盖粉褶蕈 *Entoloma clypeatum*

学　　名：***Entoloma clypeatum*** **(L.) P. Kumm.**, *Führ. Pilzk.* (Zerbst): 98 (1871)

同物异名：≡ ***Hyporrhodius clypeatus*** **(L.) J. Schröt.**, in Cohn, *Krypt.-Fl. Schlesien* (Breslau) 3.1(33–40): 616 (1889)

分类地位：菌界 Fungi，担子菌门 Basidiomycota，蘑菇纲 Agaricomycetes，蘑菇目 Agaricales，粉褶菌科 Entolomataceae。

形态特征：子实体群生或丛生。菌盖直径 5 ~ 8 cm，初钟形至扁半球形，开伞后中央凸起，表面平滑，鼠灰色或淡鼠灰色，有暗色的纤维状条纹，边缘幼时内卷。菌肉最初暗色，干后白色，质脆，有面粉味。菌褶上生至弯生，后与菌柄分离成深弯入，初白色，后肉色，稍稀。菌柄 4 ~ 8 cm × 0.5 ~ 1.5 cm，上下等粗或向下稍粗，表面白色，后带灰色，纤维状，近中实。孢子 8 ~ 10 μm × 7.5 ~ 8.5 μm，五角形或六角形。

生　　境：春末夏初生于森林、路旁、庭园、果园等地上，特别是苹果、梨、梅、桃、山樱花等树下。

分　　布：分布于福建、吉林、四川、贵州、陕西等地。

用　　途：有条件食用菌。

冬菇 *Flammulina filiformis*

学　　名：***Flammulina filiformis* (Z.W. Ge, X.B. Liu & Zhu L. Yang) P.M. Wang, Y.C. Dai, E. Horak & Zhu L. Yang**, in Wang, Liu, Dai, Horak, Steffen & Yang, *Mycol. Progr.* 17(9): 1021 (2018)

同物异名：= ***Flammulina velutipes* var. *filiformis* Z.W. Ge, X.B. Liu & Zhu L. Yang**, in Ge, Liu, Zhao & Yang, *Mycosystema* 34(4): 598 (2015)

中文俗名：金针菇。

分类地位：菌界 Fungi，担子菌门 Basidiomycota，蘑菇纲 Agaricomycetes，蘑菇目 Agaricales，泡头菌科 Physalacriaceae。

形态特征：菌盖直径 1.5 ～ 7 cm，幼时扁平球形，后扁平至平展，淡黄褐色至黄褐色，中央色较深，边缘乳黄色并有细条纹，湿时稍黏。菌肉中央厚，边缘薄，白色，柔软。菌褶弯生，白色至米色，稍密，不等长。菌柄长 3 ～ 7 cm，直径 0.2 ～ 1.0 cm，圆柱形，顶部黄褐色，下部暗褐色至近黑色，被绒毛，不胶黏，纤维质，内部松软，后空心，下部延伸似假根并紧紧靠在一起。担孢子 8 ～ 12 μm × 3.5 ～ 4.5 μm，椭圆形至长椭圆形，光滑，无色或淡黄色，非淀粉质。

生　　境：早春和晚秋至初冬，在阔叶林腐木桩上或根部丛生，其假根着生于土中腐木上。

分　　布：全国各地均有分布。

用　　途：可食。

纹缘盔孢伞 *Galerina marginata*

学　　名：***Galerina marginata*** **(Batsch) Kühner**, *Encyclop. Mycol.* 7: 225 (1935)

同物异名：≡ ***Galera marginata*** **(Batsch) P. Kumm.**, *Führ. Pilzk.* (Zerbst): 74 (1871)

　　　　　= ***Galerula unicolor*** **(Vahl) Kühner**, *Bull. trimest. Soc. mycol. Fr.* 50: 78 (1934)

　　　　　= ***Galerina autumnalis*** **(Peck) A.H. Sm. & Singer**, *Monogr. Galerina*: 246 (1964)

分类地位：菌界 Fungi，担子菌门 Basidiomycota，蘑菇纲 Agaricomycetes，蘑菇目 Agaricales，层腹菌科 Hymenogastraceae。

形态特征：子实体小。菌盖黄褐色，边缘有细条棱，直径 1.5 ～ 4.0 cm，初期圆锥形，后期近平展，中部乳状突起。菌肉薄。菌褶直生至近离生，初期淡黄色，后呈黄褐色。菌柄细长，上部污黄色，下部暗褐色，长 2 ～ 5 cm，粗 0.1 ～ 0.3 cm，上部有膜质菌环。孢子椭圆形，粗糙，8.5 ～ 9.5 μm × 5 ～ 6 μm，褶侧囊体及褶缘囊体近纺锤形，31 ～ 64 μm × 6.5 ～ 13.5 μm。

生　　境：夏秋季在针叶树腐木桩上群生。

分　　布：分布于云南、四川、陕西、新疆、西藏等地。

用　　途：有毒。

三域盔孢伞 *Galerina triscopa*

学　　名：***Galerina triscopa* (Fr.) Kühner**, *Encyclop. Mycol.* 7: 206 (1935)

同物异名：≡ ***Naucoria triscopa* (Fr.) Quél.**, *Bull. Soc. Amis Sci. Nat. Rouen*, Sér. II 15: 159 (1880)

　　　　　≡ ***Galera triscopa* (Fr.) Quél.**, *Enchir. fung.* (Paris): 107 (1886)

分类地位：菌界 Fungi，担子菌门 Basidiomycota，蘑菇纲 Agaricomycetes，蘑菇目 Agaricales，层腹菌科 Hymenogastraceae。

形态特征：菌盖直径 0.3 ～ 0.9 cm，斗笠形至半球形，棕色至棕褐色，湿时具透明状条纹，边缘水浸状。菌肉薄，污白色。菌褶淡肉桂色至肉桂色，弯生至近离生，不等长。菌柄长 0.9 ～ 3.0 cm，粗 0.05 ～ 0.1 cm，黄棕色至深褐色，圆柱形，上部具白色粉霜状绒毛，下部稍具丝光，纤维质，空心。担孢子 6.1 ～ 7.3 μm，宽椭圆形至椭圆形，淡黄色，表面具有疣状凸起，脐上光滑区明显，非淀粉质，无萌发孔。担子 20 ～ 24 μm × 7 ～ 9 μm，棍棒状，有 2 或 4 个担子小梗，无色透明，具锁状联合。

生　　境：散生与针阔叶混交林中腐木或苔藓层上。

分　　布：分布于陕西、黑龙江等地。

湿果伞 *Gliophorus psittacinus*

学　　名：***Gliophorus psittacinus* (Schaeff.) Herink**, *Sb. severočesk. Mus.*, Hist. Nat. 1: 82 (1958)

同物异名：= ***Hygrocybe perplexa* (A.H. Sm. & Hesler) Arnolds**, *Persoonia* 12(4): 477 (1985)

　　　　　≡ ***Hygrocybe psittacina* (Schaeff.) P. Kumm.**, *Führ. Pilzk.* (Zerbst): 112 (1871)

中文俗名：青绿湿伞。

分类地位：菌界 Fungi，担子菌门 Basidiomycota，蘑菇纲 Agaricomycetes，蘑菇目 Agaricales，蜡伞科 Hygrophoraceae。

形态特征：菌盖直径 0.5～3.5 cm，初期呈斗笠形，后期渐平展；初期绿色，胶黏，后期或干后褪色呈黄色或橙黄色。菌肉薄，带黄色。菌褶直生，稍稀，不等长；初期绿色，后期褪色变为橙黄色。菌柄长 1.5～5.0 cm，直径 1～4 mm，初期黄绿色，后变黄色或橙色。担孢子 7～9 μm×4.5～5.0 μm，椭圆形，光滑，无色至带黄色。

生　　境：夏秋季生于针阔混交林中地上。

分　　布：分布于我国东北、华南、华北等地区。

用　　途：有报道有毒，勿食。

密褶裸柄伞 *Gymnopus densilamellatus*

学　　名：***Gymnopus densilamellatus* Antonín, Ryoo & Ka**, in Ryoo, Antonín, Ka & Tomšovský, *Phytotaxa* 268(2): 78 (2016)

同物异名：无。

分类地位：真菌界 Fungi，担子菌门 Basidiomycota，蘑菇纲 Agaricomycetes，蘑菇目 Agaricales，类脐菇科 Omphalotaceae。

形态特征：菌盖直径 2.7 ～ 7 cm，初期半球形，后期钝圆锥形，钟形或凸镜形，除中央外其余部分光滑，具条纹，几乎无毛或被细绒毛，褐色至红褐色，中央颜色稍淡呈橙红色至棕色，边缘白色。菌褶极密，离生，白色至黄白色，部分区域呈黄色。菌柄长 2.5 ～ 11.0 cm，直径 2 ～ 5 mm，近圆柱形，密被纤毛，白色或略带褐色。担子 23 ～ 28 μm × 6 ～ 7 μm，4 孢子，棍棒状。担孢子 4.7 ～ 8.0 μm × 2.5 ～ 3.5（～ 4）μm，椭圆形或纺锤形，透明，壁薄。

生　　境：夏秋季生于针叶林或针阔混交林腐枝层或落叶层上。

分　　布：分布于陕西、湖南、贵州等地。

朱红湿伞 *Hygrocybe miniata*

学　　名：***Hygrocybe miniata* (Fr.) P. Kumm.**, *Führ. Pilzk.* (Zerbst): 112 (1871)

同物异名：≡ ***Hygrophorus miniatus* (Fr.) Fr.**, *Epicr. syst. mycol.* (Upsaliae): 330 (1838)

　　　　　≡ ***Pseudohygrocybe miniata* (Fr.) Kovalenko**, *Mikol. Fitopatol.* 22(3): 209 (1988)

　　　　　= ***Hygrocybe strangulata* (P.D. Orton) Svrček**, *Česká Mykol.* 16(3): 167 (1962)

分类地位：真菌界 Fungi，担子菌门 Basidiomycota，蘑菇纲 Agaricomycetes，蘑菇目 Agaricales，蜡伞科 Hygrophoraceae。

形态特征：菌盖直径 1 ～ 4 cm，初期扁半球形至钝圆锥形，后渐平展，中部略微突起，不黏，近光滑或具细微鳞片，湿时红棕色，干后色淡。菌肉薄，淡黄色。菌褶贴生至近延生，稀，较厚，蜡质，浅黄色。菌柄长 3 ～ 5 cm，直径 3 ～ 5 mm，圆柱形或略扁，有时弯曲，初实心，后空心，脆骨质，表面光滑，上部橙色略带红棕色，下部色淡。担孢子 7.5 ～ 11.0 μm × 5 ～ 6 μm，椭圆形，光滑，无色。

生　　境：春末至秋季散生、群生于阔叶林中地上或草地上。

分　　布：分布于我国东北、华北、华中、华南等地区。

用　　途：可食。

深凹漏斗伞 *Infundibulicybe gibba*

学　　名：***Infundibulicybe gibba*** **(Pers.) Harmaja**, *Ann. bot. fenn.* 40(3): 217 (2003)

同物异名：≡ ***Clitocybe gibba*** **(Pers.) P. Kumm.**, *Führ. Pilzk.* (Zerbst): 123 (1871)

分类地位：真菌界 Fungi，担子菌门 Basidiomycota，蘑菇纲 Agaricomycetes，蘑菇目 Agaricales，口蘑科 Tricholomataceae。

形态特征：菌盖直径 2～10 cm，初期扁半球形，逐渐平展，后期中部下凹呈漏斗形，幼时往往中央具小尖突，干燥，薄；表面淡黄色至淡褐色，初微有丝状柔毛，后变光滑；边缘锐，波状。菌肉白色，薄。菌褶延生，白色，薄，稍密，窄，不等长。菌柄长 2～5 cm，直径 0.5～1.0 cm，圆柱形，白色，与菌盖颜色相同或稍浅，表面光滑，内部松软，基部不膨大至稍膨大并有白色绒毛。担孢子 6～9 μm × 3.5～5.0 μm，近卵圆形、椭圆形或长杏仁形，光滑，无色，非淀粉质。

生　　境：夏秋季单生、群生于阔叶或针叶林中地上、腐枝落叶层或草地上。

分　　布：分布于我国东北、华北、西北、青藏高原等地区。

用　　途：有条件食用菌。

土味丝盖伞 *Inocybe geophylla*

学　　名：***Inocybe geophylla* (Sowerby) P. Kumm.** [as 'geophyllus'], *Führ. Pilzk.* (Zerbst): 78 (1871)

同物异名：≡ ***Gymnopus geophyllus* Gray**, *Nat. Arr. Brit. Pl.* (London) 1: 608 (1821)

　　　　　= ***Inocybe clarkii* (Berk. & Broome) Sacc.**, *Syll. fung.* (Abellini) 5: 784 (1887)

分类地位：真菌界 Fungi，担子菌门 Basidiomycota，蘑菇纲 Agaricomycetes，蘑菇目 Agaricales，丝盖伞科 Inocybaceae。

形态特征：菌盖直径 1.8 ～ 2.7 cm，幼时锥形或钟形，成熟后近平展，中部有较锐突起，光滑而呈纤丝感，淡紫丁香色，幼时色深，突起处淡土黄色或米黄色。菌肉带土腥味，肉质，近盖表皮处呈淡紫色。菌褶密，不等长，弯生且稍延生，幼时紫丁香色，后呈褐灰色至锈褐色，褶缘不平滑，色淡。菌柄长 4.5 ～ 6.5 cm，直径 2.0 ～ 4.5 mm，圆柱形，中部稍细，向下渐粗，基部钝或稍膨大，呈淡土黄色或米黄色，实心，表面近白色或呈淡紫色。担孢子 9 ～ 10 μm × 5 ～ 6 μm，椭圆形至肾形，顶部钝，淡褐色。

生　　境：秋季散生于云冷杉林、针阔混交林或阔叶林中地上。

分　　布：分布于我国东北、青藏高原、华北、西北等地区。

用　　途：有毒。

漆亮蜡蘑 *Laccaria laccata*

学　　名：***Laccaria laccata* (Scop.) Cooke**, *Grevillea* 12(no. 63): 70 (1884)

同物异名：≡ ***Clitocybe laccata* (Scop.) P. Kumm.**, *Führ. Pilzk.* (Zerbst): 122 (1871)

中文俗名：红蜡蘑。

分类地位：真菌界 Fungi，担子菌门 Basidiomycota，蘑菇纲 Agaricomycetes，蘑菇目 Agaricales，轴腹菌科 Hydnangiaceae。

形态特征：菌盖直径 2.5 ～ 4.5 cm，薄，近扁半球形，后渐平展并上翘，中央下凹呈脐状，鲜时肉红色、淡红褐色或灰蓝紫色，湿润时水浸状，干后呈肉色至藕粉色或浅紫色至蛋壳色，光滑或近光滑，边缘波状或瓣状并有粗条纹，菌肉与菌盖同色或粉褐色，薄。菌褶直生或近弯生，稀疏，宽，不等长，鲜时肉红色、淡红褐色或灰蓝紫色，附有白色粉末。菌柄长 3.5 ～ 8.5 cm，直径 3 ～ 8 mm，圆柱形，与菌盖同色，近圆柱形或稍扁圆，下部常弯曲，实心，纤维质，较韧，内部松软。担孢子 7.5 ～ 11.0 μm × 7 ～ 9 μm，近球形，具小刺，无色或带淡黄色。

生　　境：夏秋季散生或群生于中低海拔的针叶林和阔叶林中地上及腐殖质上，或者林外沙土坡地上，有时近丛生。

分　　布：全国各地均有分布。

用　　途：可食。

泪褶毡毛脆柄菇 *Lacrymaria lacrymabunda*

学　　名：***Lacrymaria lacrymabunda* (Bull.) Pat.**, *Hyménomyc. Eur.* (Paris): 123 (1887)

同物异名：**= *Lacrymaria velutina* (Pers.) Konrad & Maubl.**, *Revisione Hymenomycetes de France*: 90 (1925)

　　　　　= *Psathyrella velutina* (Pers.) Singer, *Lilloa* 22: 446 (1951)

中文俗名：毡毛小脆柄菇。

分类地位：真菌界 Fungi，担子菌门 Basidiomycota，蘑菇纲 Agaricomycetes，蘑菇目 Agaricales，鬼伞科 Psathyrellaceae。

形态特征：菌盖直径 4 ～ 7 cm，初期钟形，后期呈斗笠形，表面被毛状鳞片，初期边缘具白色菌幕残片；幼时土黄色、土褐色，成熟后渐变为黄褐色。菌肉薄，质脆，白色。菌褶离生，浅灰色至灰黑色，窄，不等长。菌柄长 4 ～ 11 cm，直径 5 ～ 9 mm，圆柱形或基部稍膨大，质脆，空心，上部具毛状鳞片。担孢子 9.2 ～ 12.2 μm × 6.4 ～ 7.5 μm，椭圆形至长椭圆形，具明显小疣，黑褐色。

生　　境：春夏季群生于林中地上。

分　　布：分布于我国东北、华北等地区。

用　　途：有条件食用菌。

浓香乳菇 *Lactarius camphoratus*

学　　名：***Lactarius camphoratus* (Bull.) Fr.**, *Epicr. syst. mycol.* (Upsaliae): 346 (1838)

同物异名：≡ ***Galorrheus camphoratus* (Bull.) P. Kumm.**, *Führ. Pilzk.* (Zerbst): 127 (1871)

　　　　　= ***Lactarius cimicarius* (Batsch) Gillet**, *Hyménomycètes* (Alençon): 221 (1876)

分类地位：真菌界 Fungi，担子菌门 Basidiomycota，蘑菇纲 Agaricomycetes，红菇目 Russulales，红菇科 Russulaceae。

形态特征：菌盖直径 1～4 cm，凸镜形，渐变为宽凸镜形或中部凹陷，常具乳突，表面湿或干，光滑或具粉末状物，暗红褐色，常褪色至锈褐色或橙褐色，边缘后期渐呈圆齿状。菌肉浅肉桂色至近白色，硬且脆。菌褶直生或稍下延，密或稠密，近白色至浅粉色，成熟后常具浅红色至肉桂色。乳汁呈乳白色，乳清状。菌柄长 1.0～5.5 cm，直径 0.8～1.0 cm，等粗，光滑或基部具丝状物，颜色与菌盖相近或更浅。担孢子 7～8 μm × 6～7.5 μm，近球形至宽椭圆形，表面具疣突或散乱的脊状物，不连接成网，无色至近无色。

生　　境：春至秋季单生、散生或群生于针叶林或阔叶林中地上。

分　　布：分布于我国东北、西北、华北、华中、华南等地区。

用　　途：药用。

松乳菇 *Lactarius deliciosus*

学　　名：***Lactarius deliciosus* (L.) Gray**, *Nat. Arr. Brit. Pl.* (London) 1: 624 (1821)

同物异名：≡ ***Galorrheus deliciosus* (L.) P. Kumm**., *Führ. Pilzk.* (Zerbst): 126 (1871)

　　　　　≡ ***Lactifluus deliciosus* (L.) Kuntze**, *Revis. gen. pl.* (Leipzig) 2: 856 (1891)

中文俗名：美味松乳菇、美味乳菇。

分类地位：真菌界 Fungi，担子菌门 Basidiomycota，蘑菇纲 Agaricomycetes，红菇目 Russulales，红菇科 Russulaceae。

形态特征：菌盖直径 4 ～ 10 cm，扁半球形至平展，中央下凹，湿时稍黏，黄褐色至橘黄色，有同心环纹，中央下陷，边缘内卷。菌肉近白色至淡黄色或橙黄色，菌柄处颜色深，伤后呈青绿色，无辣味。菌褶幅窄，较密，橘黄色，伤后或老后缓慢变绿色。乳汁量少，橙色至胡萝卜色，不变色，或与空气接触后呈酒红色，无辣味。菌柄长 2 ～ 6 cm，直径 0.8 ～ 2.0 cm，圆柱形，与菌盖同色，具有深色窝斑。担孢子 7 ～ 9 μm × 5.5 ～ 7 μm，包括网纹可达 12 μm× 9 μm，宽椭圆形至卵形，有不完整网纹和离散短脊，近无色至带黄色，淀粉质。

生　　境：夏秋季生于针叶林中地上。

分　　布：分布于我国大部分地区。

用　　途：著名食用菌。

红汁乳菇 *Lactarius hatsudake*

学　　名： *Lactarius hatsudake* **Nobuj**. **Tanaka**, *Bot. Mag.*, Tokyo 4: 393 (1890)

同物异名： = *Lactarius akahatsu* **Nobuj**. **Tanaka**, *Bot. Mag.*, Tokyo 4: 394 (1890)

分类地位： 真菌界 Fungi，担子菌门 Basidiomycota，蘑菇纲 Agaricomycetes，红菇目 Russulales，红菇科 Russulaceae。

形态特征： 菌盖直径 3 ~ 6 cm，扁半球形至平展，灰红色至淡红色，有不清晰的环纹或无环纹，中央下陷，边缘内卷。菌肉淡红色，不辣。菌褶酒红色，伤后或成熟后缓慢变蓝绿色。乳汁少，酒红色，不变色，不辣。菌柄长 2 ~ 6 cm，直径 0.5 ~ 1.0 cm，伤后缓慢变蓝绿色，不具窝斑。担孢子 8 ~ 10 μm × 7.0 ~ 8.5 μm，宽椭圆形，近无色，有完整至不完整的网纹，淀粉质。

生　　境： 夏秋季生于针叶林中地上。

分　　布： 分布于我国大部分地区。

用　　途： 可食。

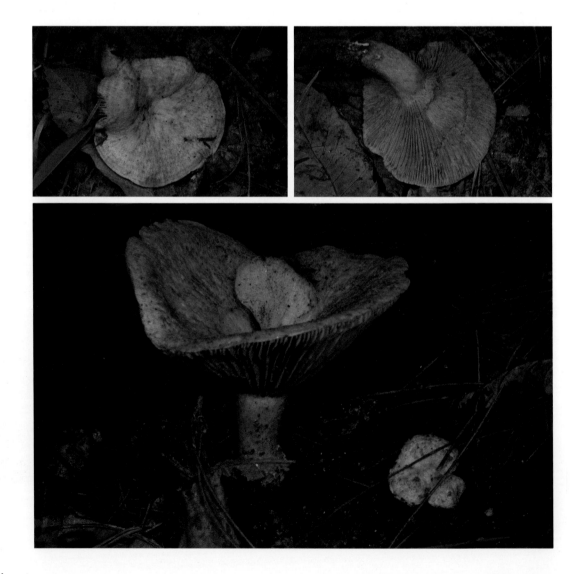

湿乳菇 *Lactarius hygrophoroides*

学　　名：***Lactarius hygrophoroides* Berk. & M.A. Curtis**, *Ann. Mag. nat. Hist.*, Ser. 3 4: 293 (1859)

同物异名：≡ ***Lactifluus hygrophoroides* (Berk. & M.A. Curtis) Kuntze**, *Revis. gen. pl.* (Leipzig) 2: 857 (1891)

分类地位：真菌界 Fungi，担子菌门 Basidiomycota，蘑菇纲 Agaricomycetes，红菇目 Russulales，红菇科 Russulaceae。

形态特征：菌盖直径 3 ～ 8 cm、中心凹陷，老熟后平展，边缘内卷，表面明显粉绒质感，常具不规则皱纹，橙褐色、橘红色、红褐色。菌肉厚 3 ～ 5 mm，近白色，柔和。菌褶宽 2 ～ 10 mm，延生，稀，浅黄白色、灰黄色、灰橙色。乳汁丰富，白色，不变色。菌柄长 1 ～ 4 cm，直径 0.6 ～ 1.5 cm，等粗或向下渐细，与菌盖同色或稍浅。担孢子 8.0 ～ 9.5 μm × 6.5 ～ 7.5 μm，椭圆形，表面具由脊相连成的不完整网状纹至近完整网状纹。

生　　境：夏秋季散生于针阔混交林中地上。

分　　布：分布于我国华中、华南、华北等地区。

用　　途：可食。

海狸色小香菇 *Lentinellus castoreus*

学　　名：***Lentinellus castoreus* (Fr.) Kühner & Maire**, *Bull. trimest. Soc. mycol. Fr.* 50: 16 (1934)

同物异名：≡ ***Lentinus castoreus* Fr.**, *Epicr. syst. mycol.* (Upsaliae): 395 (1838)

　　　　　≡ ***Hemicybe castorea* (Fr.) P. Karst.**, *Bidr. Känn. Finl. Nat. Folk* 32: 249 (1879)

分类地位：真菌界 Fungi，担子菌门 Basidiomycota，蘑菇纲 Agaricomycetes，红菇目 Russulales，耳匙菌科 Auriscalpiaceae。

形态特征：菌盖宽 2 ～ 5 cm，侧耳形，赭棕色、肉鲑棕色，或稍带粉红棕色，幼时内卷，向内渐生绒毛，近基部处绒毛密而厚，密布呈毯状，污白色或灰白色或带棕色。菌肉薄，污白色，厚实。菌褶深度延生，密，肉色至淡棕色；幼时边缘全缘，渐渐变成波浪状。菌柄无，基部宽，并带有淡红棕色至棕色的绒毛。子实体气味弱，稍麻辣。担孢子 4 ～ 5 μm × 3.0 ～ 3.5 μm，椭圆形至宽椭圆形，无色，薄壁，具疣突，淀粉质。

生　　境：生于针阔混交林中腐木上。

分　　布：分布于我国华北、青藏高原地区。

盾形环柄菇 *Lepiota clypeolaria*

学　　名：***Lepiota clypeolaria* (Bull.) P. Kumm.**, *Führ. Pilzk.* (Zerbst): 137 (1871)

同物异名：≡ ***Mastocephalus clypeolarius* (Bull.) Kuntze**, *Revis. gen. pl.* (Leipzig) 2: 860 (1891)

分类地位：真菌界 Fungi，担子菌门 Basidiomycota，蘑菇纲 Agaricomycetes，蘑菇目 Agaricales，蘑菇科 Agaricaceae。

形态特征：菌盖直径 3～9 cm，污白色，被浅黄色、黄褐色、浅褐色至茶褐色鳞片。菌肉薄，肉质，白色。菌褶白色。菌柄长 5～12 cm，直径 0.4～1.0 cm，菌环以上近光滑、白色，菌环以下密被白色至浅褐色绒状鳞片，基部常具白色的菌索。菌环白色，绒状至近膜质，易脱落。担孢子 11～15 μm×4.5～7.0 μm，侧面观纺锤形或近杏仁形，光滑，无色。

生　　境：夏秋季生于林中地上。

分　　布：分布于我国大部分地区。

用　　途：有毒。

冠状环柄菇 *Lepiota cristata*

学　　名：***Lepiota cristata* (Bolton) P. Kumm.**, *Führ. Pilzk.* (Zerbst): 137 (1871)

同物异名：≡ ***Lepiotula cristata* (Bolton) Locq. ex E. Horak**, *Beitr. Kryptfl. Schweiz* 13: 338 (1968)

分类地位：真菌界 Fungi，担子菌门 Basidiomycota，蘑菇纲 Agaricomycetes，蘑菇目 Agaricales，蘑菇科 Agaricaceae。

形态特征：菌盖直径 1 ～ 7 cm，白色至污白色，被红褐色至褐色鳞片，中央具钝的红褐色光滑突起。菌肉薄，白色，具令人作呕的气味。菌褶离生，白色。菌柄长 1.5 ～ 8.0 cm，直径 0.3 ～ 1.0 cm，白色，后变为红褐色。菌环上位，白色，易消失。担孢子 5.5 ～ 8 μm × 2.5 ～ 4.0 μm，侧面观麦角形或近三角形，无色，拟糊精质。盖表鳞片由子实层状排列的细胞组成。

生　　境：单生或群生于林中、路边、草坪等地上。

分　　布：分布于我国大部分地区。

用　　途：有毒，勿食。

肉色香蘑 *Lepista irina*

学　　名：***Lepista irina* (Fr.) H.E. Bigelow**, *Can. J. Bot.* 37: 775 (1959)

同物异名：≡ ***Rhodopaxillus irinus* (Fr.) Métrod**, *Revue Mycol.*, Paris 7(Suppl. Colon. no. 2): 29 (1942)

　　　　　≡ ***Clitocybe irina* (Fr.) H.E. Bigelow & A.H. Sm.**, *Brittonia* 21: 172 (1969)

分类地位：真菌界 Fungi，担子菌门 Basidiomycota，蘑菇纲 Agaricomycetes，蘑菇目 Agaricales，口蘑科 Tricholomataceae。

形态特征：菌盖直径 4～13 cm，扁平至平展，中央稍突起，白色、奶油色或浅肉色至米色，光滑，干，中央淡黄色至淡褐色，边缘内卷。菌肉厚，柔软，污白色至肉色。菌褶白色、污白色至肉色，密或较密，直生或稍弯生，不等长。菌柄长 5～12 cm，直径 1～2 cm，圆柱形，污白色至带肉粉色，有纵向沟纹和丝状鳞片，实心。担孢子 7.5～9.5 μm×4.0～5.5 μm，椭圆形至宽椭圆形，近光滑或有细小疣，无色。

生　　境：夏秋季生于针叶林、阔叶林或针阔混交林中地上。

分　　布：分布于我国东北、华北、西北、青藏高原等地区。

用　　途：有条件食用菌。

裸香蘑 *Lepista nuda*

学　　名：***Lepista nuda* (Bull.) Cooke**, *Handb. Brit. Fungi* 1: 192 (1871)

同物异名：≡ ***Gyrophila nuda* (Bull.) Quél.**, *Enchir. fung.* (Paris): 17 (1886)

　　　　　≡ ***Rhodopaxillus nudus* (Bull.) Maire**, *Annls mycol.* 11(4): 338 (1913)

中文俗名：紫丁香蘑、紫晶蘑。

分类地位：真菌界 Fungi，担子菌门 Basidiomycota，蘑菇纲 Agaricomycetes，蘑菇目 Agaricales，口蘑科 Tricholomataceae。

形态特征：菌盖直径 3～12 cm，扁半球形至平展，有时中央下凹，盖皮湿润，光滑，初蓝紫色至丁香紫色，后褐紫色；边缘内卷。菌肉较厚，柔软，淡紫色，干后白色。菌褶直生至稍延生，不等长，密，蓝紫色或与盖面同色。菌柄长 4～8 cm，直径 0.7～2.0 cm，圆锥形，基部稍膨大，蓝紫色或与菌盖同色，下部光滑或有纵条纹，稍有弹性，实心。担孢子 5～8 μm×3～5 μm，椭圆形，近光滑或具小麻点，无色。

生　　境：秋季群生、近丛生、散生于针阔混交林中地上。

分　　布：分布于我国东北、西北、华北、华中等地区。

用　　途：可食。

林缘香蘑 Lepista panaeolus

学　　名：***Lepista panaeolus* (Fr.) P. Karst**., *Bidr. Känn. Finl. Nat. Folk* 32: 481 (1879)

同物异名：≡ ***Rhodopaxillus panaeolus* (Fr.) Maire**, *Annls mycol*. 11(4): 338 (1913)

分类地位：真菌界 Fungi，担子菌门 Basidiomycota，蘑菇纲 Agaricomycetes，蘑菇目 Agaricales，口蘑科 Tricholomataceae。

形态特征：菌盖直径 4 ～ 13 cm，初期凸镜形，后平展或中间略凹陷，白色、乳白色至浅灰褐色，表面具环纹，具浅褐色水渍状斑点，距边缘三分之二处具条纹，边缘波浪状。菌褶乳白色至暗粉红色、肉桂色，延生，不等长、密，易与菌盖分离，褶缘光滑。菌肉较厚，白色，具蘑菇香味道。菌柄长 3.5 ～ 6.5 cm，粗 1.0 ～ 2.5 cm，白色至淡灰褐色，圆柱状，中生，中实，表面具纵向纤维状条纹。担孢子 4.9 ～ 5.8 μm × 3.1 ～ 3.9 μm，宽椭圆形，具小疣，透明，具油滴。担子 24 ～ 26 μm × 6 ～ 7 μm，棍棒状至圆柱状，具 4 小梗，无色，薄壁。

生　　境：夏秋季单生或群生于云杉、落叶松混交林地上。

分　　布：分布于陕西、山西等地。

用　　途：可食。

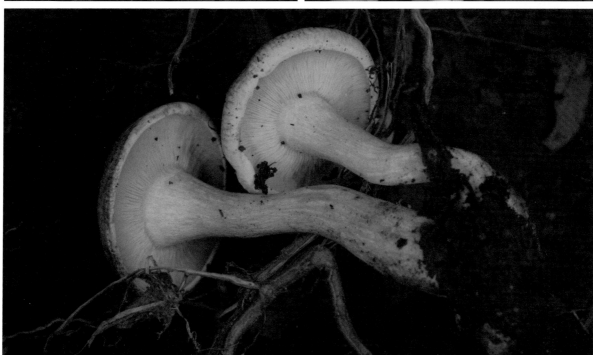

带盾香蘑 *Lepista personata*

学　　名：***Lepista personata* (Fr.) Cooke**, *Handb. Brit. Fungi* 1: 193 (1871)

同物异名：≡ ***Rhodopaxillus personatus* (Fr.) Singer**, *Annls mycol.* 41(1/3): 92 (1943)

　　　　　= ***Clitocybe saeva* (Fr.) H.E. Bigelow & A.H. Sm.**, *Brittonia* 21: 169 (1969)

中文俗名：粉紫香蘑。

分类地位：真菌界 Fungi，担子菌门 Basidiomycota，蘑菇纲 Agaricomycetes，蘑菇目 Agaricales，口蘑科 Tricholomataceae。

形态特征：菌盖直径 5～16 cm，初期半球形或凸镜形，后期渐平展，奶油色至浅紫粉色，渐褪色至污白色。菌肉厚，白色至灰白色。菌褶离生至弯生，密，浅粉色、奶油色至浅褐色。菌柄长 5～7 cm，直径 1.5～3.0 cm，基部球茎膨大，有时向基部渐细，表面覆盖淡紫色纤维状鳞片。担孢子 7.5～8.5 μm × 4～5 μm，椭圆形，有小麻点，无色。

生　　境：夏秋季生于草地上或树林边缘。

分　　布：分布于我国东北、华北和西北地区。

用　　途：食药兼用。

瓦西里白环蘑 *Leucoagaricus vassiljevae*

学　　名：***Leucoagaricus vassiljevae* E.F. Malysheva, Svetash. & Bulakh**, *Mikol. Fitopatol.* 47(3): 176 (2013)

同物异名：无。

分类地位：真菌界 Fungi，担子菌门 Basidiomycota，蘑菇纲 Agaricomycetes，蘑菇目 Agaricales，蘑菇科 Agaricaceae。

形态特征：菌盖直径 1.5 ～ 4.5 cm，幼时钟形，后扩展至平凸或平展，具突出的脐；表面密被红褐色或深褐色鳞状纤维，靠近中央愈密，并在中央合并成单一斑块；表面边缘纵裂，露出白色背景。菌褶密，离生，淡奶油色或白色。菌柄直径 5 ～ 13 cm × 0.2 ～ 0.5 cm，向基部逐渐变粗，基部膨大，中空，光滑或稍被绒毛；菌环上位，膜质，白色。菌肉薄，白色，伤后不变色。担子 17 ～ 27 μm × 6.5 ～ 8.5 μm，宽棍棒状。担孢子 (8 ～)8.4 ～ 11.5(～ 13) μm × 5 ～ 6 μm，宽椭圆形至球形，透明，光滑。

生　　境：单生于阔叶林或针阔混交林地上或凋落物上。

分　　布：分布于陕西省黄龙山，该菌为中国新记录种。

纯白微皮伞 *Marasmiellus candidus*

学　　名：***Marasmiellus candidus*** **(Fr.) Singer**, *Pap. Mich. Acad. Sci.* 32: 129 (1948)

同物异名：≡ ***Marasmius candidus*** **Fr.**, *Epicr. syst. mycol.* (Upsaliae): 381 (1838)

　　　　　= ***Marasmiellus albocorticis*** **Secr. ex Singer** [as '*albus-corticis*'], *Lilloa* 22: 300 (1951)

分类地位：真菌界 Fungi，担子菌门 Basidiomycota，蘑菇纲 Agaricomycetes，蘑菇目 Agaricales，类脐菇科 Omphalotaceae

形态特征：菌盖长 0.6 ～ 3.5 cm，幼时凸镜形，成熟时近平展形，随着年龄增长，中央具脐凹，幼时白色，成熟时浅黄色至橙白色，表面干燥，稍被粉霜，具条纹和沟纹；菌褶直生，稀，不等长，白色带点浅桃色；菌柄长 0.7 ～ 2.0 cm，圆柱形，中生，白色，随着年龄增长变成灰白色或黑色，表面光滑或稍被粉霜，基部菌丝白色；担孢子 10.1 ～ 12.2 μm × 2.9 ～ 4.0 μm，不等边长椭圆形至近纺锤形，壁薄，光滑。

生　　境：群生于阔叶林的枯枝上。

分　　布：分布于江西、福建、广东、广西、云南、陕西等地。

伯特路小皮伞 *Marasmius berteroi*

学　　名：***Marasmius berteroi* (Lév.) Murrill**, *N. Amer. Fl.* (New York) 9(4): 267 (1915)

同物异名：≡ *Heliomyces berteroi* **Lév**., *Annls Sci. Nat., Bot.*, sér. 3 2: 177 (1844)

分类地位：真菌界 Fungi，担子菌门 Basidiomycota，蘑菇纲 Agaricomycetes，蘑菇目 Agaricales，小皮伞科 Marasmiaceae。

形态特征：菌盖宽 0.4～2.0 cm，斗笠状、钟形至凸镜形，橙黄色、橙红色、橙褐色至铁锈色，干，被短绒毛，有沟纹，中微脐凹。菌肉薄，近白色至带菌盖颜色，无味道或有辣味。菌褶盖缘处每厘米 12～20 片，不等长，白色至浅黄色，直生至弯生。菌柄长 2～4 cm，直径 0.5～1.3 mm，与菌盖同色至带紫褐色，上部色较浅，有光泽，基部具菌丝体。担孢子 10～16 μm × 3.0～4.5 μm，梭形至披针形，光滑，无色。

生　　境：夏秋季群生于阔叶林中枯枝落叶上。

分　　布：分布于我国华南、华北地区。

棕灰铦囊蘑 *Melanoleuca cinereifolia*

学　　名：***Melanoleuca cinereifolia* (Bon) Bon**, *Docums Mycol.* 9(no. 33): 71 (1978)

同物异名：= ***Melanoleuca maritima* Huijsman**, in Courtecuisse, *Docums Mycol.* 15(nos 57-58): 36 (1985)

分类地位：真菌界 Fungi，担子菌门 Basidiomycota，蘑菇纲 Agaricomycetes，蘑菇目 Agaricales，口蘑科 Tricholomataceae。

形态特征：菌盖直径 0.3 ～ 8.5 cm，初期凸镜至平展，后中间略凹陷。棕色至灰褐色至灰白色，中间棕色，延至边缘颜色渐浅，表面光滑。菌肉薄，污白色，伤后变巧克力色。菌褶灰白色至灰褐色，弯生，密，不等长。菌柄长 3.0 ～ 7.5 cm，粗 0.5 ～ 1.5 cm，浅灰棕色至浅褐色，圆柱状，中生，中空，表面具纤维状纵条纹，基部略膨大。担孢子 7.8 ～ 8.7 μm × 4.9 ～ 5.6 μm，椭圆形，具疣突，无色，薄壁，淀粉质。担子 24 ～ 34 μm × 8.7 ～ 9.7 μm，棒状，无色，薄壁，具 4 小梗。

生　　境：秋季单生于混交林中地上。

分　　布：分布于吉林、陕西、山西等地。

栎铦囊蘑 *Melanoleuca dryophila*

学　　名：***Melanoleuca dryophila* Murrill**, *Mycologia* 5(4): 217 (1913)

同物异名：≡ ***Tricholoma dryophilum* (Murrill) Murrill**, *Mycologia* 5(4): 223 (1913)

分类地位：真菌界 Fungi，担子菌门 Basidiomycota，蘑菇纲 Agaricomycetes，蘑菇目 Agaricales，口蘑科 Tricholomataceae。

形态特征：菌盖 3 ～ 15 mm，凸镜形，后期渐平展，表面光滑无毛，白色至锈褐色，边缘白，边缘稍开裂或不规则，菌肉白色。菌褶弯生，密，白色。菌柄长 6 ～ 13 cm，直径 1.0 ～ 4.5 cm，成熟时实心，基部稍膨大，棕白色，顶部具细条纹，后期呈棕色。担孢子 5 ～ 7(～ 8) µm × 3.5 ～ 4.5 µm，近球形，光滑，透明。

生　　境：夏秋季散生于阔叶林中地上。

分　　布：分布于内蒙古、陕西等地。

红顶小菇 *Mycena acicula*

学　　名：***Mycena acicula*** **(Schaeff.) P. Kumm**., *Führ. Pilzk.* (Zerbst): 109 (1871)

同物异名：≡ ***Hemimycena acicula*** **(Schaeff.) Singer**

　　　　　≡ ***Trogia acicula*** **(Schaeff.) Corner**, *Monogr. Cantharelloid Fungi:* 194 (1966)

分类地位：真菌界 Fungi，担子菌门 Basidiomycota，蘑菇纲 Agaricomycetes，蘑菇目 Agaricales，小菇科 Mycenaceae。

形态特征：菌盖直径 0.2 ～ 0.9 cm，初期半球形，后期渐变宽圆锥形，浅橙红色至橙黄色，向边缘颜色变浅；边缘具沟纹。菌肉薄，乳黄色至浅橙黄色，气味不明显。菌褶直生至弯生，边缘平整。菌柄长 1 ～ 5 cm，直径 1 ～ 2 mm，圆柱形，等粗，空心，稍黏，初期柠檬黄色，近基部渐变近白色、上部具白色粉末，基部具白色纤毛。担孢子 8.5 ～ 12.0 μm × 3 ～ 4 μm，长椭圆形至近梭形，光滑，无色，淀粉质。

生　　境：夏秋季单生或散生于枯枝落叶上。

分　　布：分布于我国东北、华北地区。

纤柄小菇 *Mycena filopes*

学　　名：***Mycena filopes* (Bull.) P. Kumm.**, *Führ. Pilzk.* (Zerbst): 110 (1871)

同物异名：≡ *Linopodium filopes* **(Bull.) Earle**, *Bull. New York Bot. Gard.* 5: 427 (1909)

　　　　　= ***Mycena amygdalina* (Pers.) Singer**, *Persoonia* 2(1): 6 (1961)

分类地位：真菌界 Fungi，担子菌门 Basidiomycota，蘑菇纲 Agaricomycetes，蘑菇目 Agaricales，小菇科 Mycenaceae。

形态特征：菌盖直径 4.5 ～ 18.0 mm，钟形、圆锥形，幼时中央圆头状突起，中央灰褐色，边缘米褐色或灰白色，表面具粉霜，干，半透明状条纹，形成浅沟槽，边缘不平整，呈波浪状。菌肉白色，薄，易碎。菌褶白色，直生至弯生，窄，与菌柄连接处锯齿状。菌柄长 5.1 ～ 9.6 cm，粗 0.10 ～ 0.25 mm，圆柱形，中空，细，纤维质，上部浅灰色或淡米灰色，向下渐深至灰褐色或暗褐色，上部表面近光滑，下部被粉霜或细小白色软毛，基部具白色且长绒毛。担孢子 (7.4 ～) 8.6 ～ 9.9 (～ 10.6) μm × (4.3 ～) 5.7 ～ 6.2 (～ 6.8) μm，椭圆形至长椭圆形，内含油滴，无色，光滑，薄壁，淀粉质。担子棒状，18 ～ 23 μm × 7 ～ 10 μm，内含无色油滴，薄壁，具 2 或 4 小梗。

生　　境：夏秋季单生、散生于落叶松或红松林枯枝落叶层上。

分　　布：分布于河北、山西、陕西、内蒙古、吉林、湖北、广西、云南等地。

蓝小菇 *Mycena galericulata*

学　　名：***Mycena galericulata*** **(Scop.) Gray**, *Nat. Arr. Brit. Pl.* (London) 1: 619 (1821)

同物异名：≡ ***Stereopodium galericulatum*** **(Scop.) Earle**, *Bull. New York Bot. Gard.* 5: 426 (1909)

　　　　　≡ ***Prunulus galericulatus*** **(Scop.) Murrill**, *N. Amer. Fl.* (New York) 9(5): 336 (1916)

中文俗名：盔盖小菇。

分类地位：真菌界 Fungi，担子菌门 Basidiomycota，蘑菇纲 Agaricomycetes，蘑菇目 Agaricales，小菇科 Mycenaceae。

形态特征：菌盖直径 2～5 cm，幼时钟形，成熟后逐渐平展，半透明状，表面具沟纹或明显的褶皱；幼时颜色较深，后呈铅灰色，中部色深，边缘近白色，偶尔稍开裂。菌肉半透明，薄，无明显气味。菌褶稍密，白色，不等长，直生至弯生，幼时稍延生，有时分叉或在菌褶之间形成横脉。菌柄长 4～8 cm，直径 2～5 mm，圆柱形或扁平，幼时深灰色，成熟后呈灰色至灰白色，平滑，空心，软骨质，基部被白色毛状菌丝体。担孢子 9.5～12.0 μm×7.5～9 μm，宽椭圆形，光滑，无色，淀粉质。

生　　境：初夏至秋季生于森林中阔叶树或针叶树的树桩、腐木或枯枝上。

分　　布：分布于我国东北、华北和华中地区。

用　　途：可食。

血红小菇 *Mycena haematopus*

学　　名：***Mycena haematopus* (Pers.) P. Kumm.**, *Führ. Pilzk.* (Zerbst): 108 (1871)

同物异名：≡ ***Galactopus haematopus* (Pers.) Earle ex Murrill**, *N. Amer. Fl.* (New York) 9(5): 319
(1916)

分类地位：真菌界 Fungi，担子菌门 Basidiomycota，蘑菇纲 Agaricomycetes，蘑菇目 Agaricales，
小菇科 Mycenaceae。

形态特征：菌盖直径 2.5 ～ 5.0 cm，幼时圆锥形，逐渐变为钟形，具条纹；幼时暗红色，成熟
后稍淡，中部色深，边缘色淡且常开裂呈较规则的锯齿状；幼时有白色粉末状细
颗粒，后变光滑，伤后流出血红色汁液。菌肉薄，白色至酒红色。菌褶直生或近弯生，
白色至灰白色，有时可见暗红色斑点，较密。菌柄长 3 ～ 6 cm，直径 2 ～ 3 mm，
圆柱形或扁，等粗，与菌盖同色或稍淡，被白色细粉状颗粒，空心，脆质，基部被
白色毛状菌丝体。担孢子 7.5 ～ 11.0 μm × 5 ～ 7 μm，宽椭圆形，光滑，无色，淀粉质。

生　　境：初夏至秋季常簇生于腐朽程度较深的阔叶树腐木上。

分　　布：分布于我国东北、华北、华中等地区。

用　　途：可食。

皮尔森小菇 *Mycena pearsoniana*

学　　名：***Mycena pearsoniana* Dennis ex Singer**, *Sydowia* 12(1-6): 233 (1959)

同物异名：≡ ***Mycena pearsoniana* Dennis**, in Pearson, *Naturalist*, London 845: 50 (1955)

分类地位：真菌界 Fungi，担子菌门 Basidiomycota，蘑菇纲 Agaricomycetes，蘑菇目 Agaricales，小菇科 Mycenaceae。

形态特征：菌盖 0.9 ～ 1.8 cm，幼时半球形或凸镜形，老后渐平展，幼时中央钝圆突起，后偶尔稍下凹，淡紫色、淡灰紫色、粉紫色至紫色、深紫色、紫褐色，边缘渐浅至灰紫色、灰白色，边缘不平整，稍呈锯齿状，具透明状条纹，形成浅沟槽，水浸状。菌肉淡灰紫色，薄，气味与味道有强烈的胡萝卜味。菌褶淡紫色至紫色，弯生至稍延生，菌柄连接处具小齿，褶间具横脉。菌柄长 4.3 ～ 6.5 cm，粗 1.0 ～ 2.0 mm，圆柱形，中空、脆骨质，灰紫色、深紫色，基部或带有紫褐色，丝光，上部微被粉霜，易消失，基部稍膨大且具少量白色绒毛，偶见根状。担孢子 (6.0 ～)6.6 ～ 8.5(～ 9.6) μm × (3.6 ～)4.0 ～ 4.6(～ 4.9) μm，椭圆形至长椭圆形，无色，光滑，薄壁，内含油滴，非淀粉质。担子棒状，22 ～ 30 μm × 6 ～ 9 μm，无色，薄壁，具 4 小梗。

生　　境：夏秋季单生或散生于冷杉、云杉等针叶林枯枝落叶层上。

分　　布：分布于吉林、黑龙江、四川、陕西、西藏等地。

洁小菇 *Mycena pura*

学　　名：*Mycena pura* (Pers.) P. Kumm., *Führ. Pilzk.* (Zerbst): 107 (1871)

同物异名：≡ *Gymnopus purus* (Pers.) Gray, *Nat. Arr. Brit. Pl.* (London) 1: 608 (1821)

　　　　　≡ *Mycenula pura* (Pers.) P. Karst., *Meddn Soc. Fauna Flora fenn.* 16: 89 (1889)

　　　　　≡ *Prunulus purus* (Pers.) Murrill, *N. Amer. Fl.* (New York) 9(5): 332 (1916)

中文俗名：粉紫小菇。

分类地位：真菌界 Fungi，担子菌门 Basidiomycota，蘑菇纲 Agaricomycetes，蘑菇目 Agaricales，小菇科 Mycenaceae。

形态特征：菌盖直径 2.5 ～ 5 cm，幼时半球形，后平展至边缘稍上翻，具条纹；幼时紫红色，成熟后稍淡，中部色深，边缘色淡，并开裂呈较规则的锯齿状。菌肉薄，灰紫色。菌褶较密，直生或近弯生，通常在菌褶之间形成横脉，不等长，白色至灰白色，有时呈淡紫色。菌柄长 3 ～ 6 cm，直径 3 ～ 5 mm，圆柱形或扁，等粗或向下稍粗，与菌盖同色或稍淡，光滑，空心，软骨质，基部被白色毛状菌丝体。担孢子 6.5 ～ 8.0 μm × 4 ～ 5 μm，椭圆形，光滑，无色，淀粉质。

生　　境：夏秋季散生于针阔混交林或针叶林中地上。

分　　布：分布于我国东北、华北、西北和青藏高原等地区。

用　　途：有条件食用菌。

浅杯状新香菇 *Neolentinus cyathiformis*

学　　名：***Neolentinus cyathiformis* (Schaeff.) Della Magg. & Trassin.**, *Index Fungorum* 171: 1 (2014)

同物异名：≡ ***Panus cyathiformis* (Schaeff.) Fr.**, *Epicr. syst. mycol.* (Upsaliae): 397 (1838)

　　　　　≡ ***Lentinus cyathiformis* (Schaeff.) Bres.**, *Iconogr. Mycol.* 11(Tab. 501-550): tab. 511 (1929)

分类地位：真菌界 Fungi，担子菌门 Basidiomycota，蘑菇纲 Agaricomycetes，褐褶菌目 Gloeophyllales，褐褶菌科 Gloeophyllaceae。

形态特征：子实体中等至大型。菌盖直径 5 ～ 25 cm，浅褐色至污白褐色，表面粗糙似有颗粒或粗毛，边缘稍内卷或有细裂纹。菌肉白色，稍硬，柔韧，较厚。菌褶白色，延生，稍密，厚而窄呈棱纹状，在柄部近似网状，脉状。菌柄较粗壮，长 4.0 ～ 5.8 cm，粗 1.0 ～ 3.5 cm，上部色浅而下部带褐色，表面粗糙，基部膨大至变细或联生一起，往往偏生，内部菌肉白色，硬而韧。孢子印白色。孢子长椭圆形，光滑，无色，10 ～ 14.0 μm × 4 ～ 5 μm。

生　　境：夏秋季生于阔叶树腐木上。单生、群生或近丛生。

分　　布：多分布于我国陕西、云南、新疆等地。

用　　途：幼嫩时可以食用。老后柔韧似纤维质，不便食用。

炭生厚壁孢伞 *Pachylepyrium carbonicola*

学　　名：***Pachylepyrium carbonicola* (A.H. Sm.) Singer**, *Sydowia* 11(1-6): 321 (1958)

同物异名：≡ ***Kuehneromyces carbonicola* A.H. Sm.**, *Beih. Sydowia* 1: 53 (1957)

　　　　　= ***Pholiota subsulphurea* A.H. Sm. & Hesler**, *The North American species of Pholiota*: 51 (1968)

分类地位：真菌界 Fungi，担子菌门 Basidiomycota，蘑菇纲 Agaricomycetes，蘑菇目 Agaricales，假脐菇科 Tubariaceae。

形态特征：菌盖直径 1.8 ～ 6.4 cm，凸镜形，渐平展，有时具中突，茶褐色，中央色深，水渍状，表面具纤毛状物，易脱落。菌肉黄褐色，味道和气味温和。菌褶直生至弯生，褐色至茶褐色，宽，边缘平至菌毛。菌柄长 3.6 ～ 8.2 cm，粗 1.5 ～ 3 mm，上部浅黄色，向基部暗褐色至茶褐色。担子棒状，20 ～ 25 μm×8 ～ 12 μm。担孢子 9 ～ 12 μm×6 ～ 8 μm，正面椭圆形，侧面不等边卵圆形，壁厚，光滑，顶端芽孔明显，平截或稍平截。

生　　境：生于阔叶树腐木上或林中地上。

分　　布：分布于陕西、广东等地。

止血扇菇 *Panellus stipticus*

学　　名：***Panellus stipticus* (Bull.) P. Karst.**, *Hattsvampar* 14: fig. 172 (1879)

同物异名：≡ ***Crepidopus stipticus* (Bull.) Gray** [as '*stypticus*'], *Nat. Arr. Brit. Pl.* (London) 1: 616 (1821)

　　　　　≡ ***Panus stipticus* (Bull.) Fr.**, *Epicr. syst. mycol.* (Upsaliae): 399 (1838)

　　　　　≡ ***Pleurotus stipticus* (Bull.) P. Kumm.**, *Führ. Pilzk.* (Zerbst): 105 (1871)

分类地位：真菌界 Fungi，担子菌门 Basidiomycota，蘑菇纲 Agaricomycetes，蘑菇目 Agaricales，
　　　　　小菇科 Mycenaceae。

形态特征：菌盖宽 1～3 cm，扇形，浅土黄色、橙白色或黄褐色至褐色等，幼时为肉质，老
　　　　　后为革质，平展，边缘稍内卷，呈半圆形或肾形；边缘轮廓不规则形，有时呈撕
　　　　　裂或波状，干，有细绒毛或绵毛；成熟时具褶皱、龟裂纹或麸状小鳞片，棕色
　　　　　至淡黄棕色，有时褪色至污白色。菌肉白色、淡黄色或稍褐色。菌褶直生，密，
　　　　　常分叉，褶间有横脉，白色至淡黄棕色。菌柄侧生，短，基部渐细，淡肉桂色。
　　　　　担孢子 4～6 μm×2.0～2.5 μm，椭圆形，光滑，无色，淀粉质。

生　　境：春至秋季群生于阔叶树树桩、树干及枯枝上。

分　　布：全国各地均有分布。

用　　途：有毒；药用。

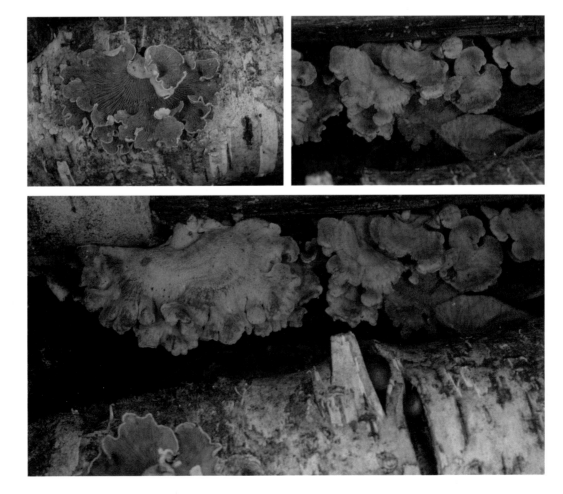

萎垂白类香蘑 *Paralepista flaccida*

学　　名：***Paralepista flaccida* (Sowerby) Vizzini**, in Vizzini & Ercole, *Mycotaxon* 120: 262 (2012)

同物异名：≡ ***Clitocybe flaccida* (Sowerby) P. Kumm**., *Führ. Pilzk.* (Zerbst): 124 (1871)

　　　　　≡ ***Lepista flaccida* (Sowerby) Pat**., *Hyménomyc. Eur.* (Paris): 96 (1887)

分类地位：真菌界 Fungi，担子菌门 Basidiomycota，蘑菇纲 Agaricomycetes，蘑菇目 Agaricales，口蘑科 Tricholomataceae。

形态特征：菌盖直径 2.5～8 cm，凸镜形，后期渐平展，中部下陷至浅漏斗形，边缘初期内卷，有时呈波状至稍浅裂，表面湿，光滑，水渍状，浅橙褐色、粉褐色至肉桂色或红褐色，边缘颜色较浅。菌肉薄，与菌盖近同色，气味芳香，味道温和。菌褶延生，中等宽，密至稠密，浅杏黄色。菌柄长 2～7 cm，直径 5～7 mm，等粗或基部稍膨大，表面湿，具微细条纹，颜色与菌盖相近，基部具浅黄色菌丝体。担孢子 4～4.5 μm × 3.5～4 μm，近球形至宽椭圆形，表面具小刺，乳黄色。

生　　境：秋季至初冬散生或群生于针叶林和阔叶林等林中地上。

分　　布：分布于我国东北、华北、西北、青藏高原等地区。

用　　途：可食。

白树皮伞 *Phloeomana alba*

学　　名：***Phloeomana alba*** **(Bres.) Redhead**, *Index Fungorum* 289: 1 *(*2016*)*

同物异名：≡ ***Mycena alba*** **(Bres.) Kühner**, *Encyclop. Mycol.* 10: 594 (1938)

　　　　　≡ ***Marasmiellus albus*** **(Bres.) Singer**, *Lilloa* 22: 302 (1951)

分类地位：真菌界 Fungi，担子菌门 Basidiomycota，蘑菇纲 Agaricomycetes，蘑菇目 Agaricales，皮孔菌科 Porotheleaceae。

形态特征：菌盖直径 2～10 mm，半球形至凸镜形或扁平，边缘扩展，中心凹陷，但也具小顶凸，被白粉，后脱落，具半透明条纹 (干燥时消失)，起初白色或米色，有时中央略带黄色，后期呈褐色、污白色、白棕色或浅棕色，中心颜色较深。菌褶 (6～)9～12，直生，白色，边缘凹，或多或少下延。菌柄长可达 12 mm，或多或少弯曲，微柔毛，向基部逐渐多毛，后期从基部开始呈棕色，基部表面覆盖白色绒毛，无气味。担子 23～27 μm×7～9 μm，棍棒棒状。担孢子 (7～)8～9(～11) μm×6.5～8(～9.2)μm，球形，光滑，非淀粉质。

生　　境：生于阔叶树树皮苔藓层上。

分　　布：分布于陕西。

多脂鳞伞 *Pholiota adiposa*

学　　名：***Pholiota adiposa* (Batsch) P. Kumm.**, *Führ. Pilzk.* (Zerbst): 84 (1871)

同物异名：≡ ***Hypodendrum adiposum* (Batsch) Overh.**, *N. Amer. Fl.* (New York) 10(5): 279 (1932)

中文俗名：黄伞。

分类地位：真菌界 Fungi，担子菌门 Basidiomycota，蘑菇纲 Agaricomycetes，蘑菇目 Agaricales，球盖菇科 Strophariaceae。

形态特征：菌盖直径 5 ～ 12 cm，初期扁半球形，后期平展，中部稍突起，湿时黏至胶黏，有光泽；柠檬黄色、谷黄色，污黄色至黄褐色，覆一层透明黏液，边缘初时内卷，常挂有纤毛状菌幕残片。菌肉厚，致密，白色至淡黄色，气味柔和。菌褶近弯生至直生，稍密，黄色至锈黄色。菌柄长 4 ～ 11 cm，直径 0.6 ～ 1.3 cm，中生，表面黏，等粗或向下稍细，与菌盖表面同色，纤维质。担孢子 6 ～ 7.5 μm × 3 ～ 4.5 μm。卵圆形至椭圆形，薄壁，光滑，锈褐色。

生　　境：春末至秋季群生、丛生于阔叶树倒木上。

分　　布：全国各地均有分布。

用　　途：食药兼用。

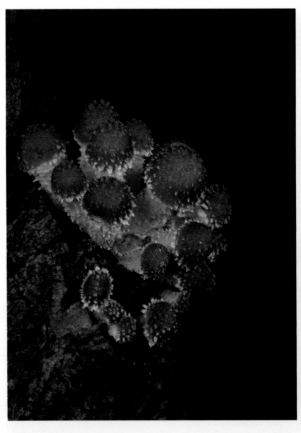

金毛鳞伞 *Pholiota aurivella*

学　　名：***Pholiota aurivella*** **(Batsch) P. Kumm.**, *Führ. Pilzk.* (Zerbst): 83 (1871)

同物异名：≡ ***Hypodendrum aurivellum*** **(Batsch) Overh.**, *N. Amer. Fl.* (New York) 10(5): 279 (1932)

分类地位：真菌界 Fungi，担子菌门 Basidiomycota，蘑菇纲 Agaricomycetes，蘑菇目 Agaricales，球盖菇科 Strophariaceae。

形态特征：菌盖直径 5 ～ 15 cm，初期扁半球形至凸镜形，后期展开，中部钝突，湿润时黏，干后有光泽，金黄色，后期锈黄色，具平伏的近三角形鳞片且呈同心环分布，中部密，后期易脱落。菌盖边缘初期内卷，挂有纤维状菌幕残留物。菌肉初期淡黄色，后期柠檬黄色。菌褶直生或延生，密，初期乳黄色，渐变黄锈色，后期褐色。菌柄长 6 ～ 12 cm，直径 0.6 ～ 1.4 cm，圆柱形，基部常为假根状，黏，上部黄色，下部锈褐色，初期菌环以下具阶梯状排列的反卷鳞片，后期消失，有时弯曲，实心。菌环上位，丝膜状，易消失。担孢子 7 ～ 10 μm × 4.5 ～ 6.5 μm，椭圆形，光滑，锈褐色。

生　　境：秋季群生于林中腐木上。

分　　布：分布于我国东北、华北、华中等地区。

用　　途：有条件食用菌。

柠檬鳞伞 *Pholiota limonella*

学　　名：***Pholiota limonella* (Peck) Sacc**., *Syll. fung.* (Abellini) 5: 753 (1887)

同物异名：= ***Pholiota squarrosoadiposa* sensu auct. eur**.; fide Checklist of Basidiomycota of Great Britain and Ireland (2005)

　　　　　= ***Pholiota ceriferoides* P.D. Orton**, *Trans. Br. mycol. Soc.* 91(4): 565 (1988)

分类地位：真菌界 Fungi，担子菌门 Basidiomycota，蘑菇纲 Agaricomycetes，蘑菇目 Agaricales，球盖菇科 Strophariaceae。

形态特征：菌盖直径 2.5 ～ 5.0 cm，凸镜形或近平展，有时具中突，柠檬黄色，具散生的浅红色或黄褐色鳞片，黏，菌肉薄，黄色。菌褶直生至稍弯生，近白色，渐变为铁锈色，窄，密。菌柄长 3 ～ 7 cm，粗 3 ～ 5 mm，灰白色或浅黄色，具散生反卷的黄色鳞片，菌环以上光滑，等粗。菌幕形成丛毛状易消失的黄色菌环。担孢子 6.5 ～ 8(～ 8.6) μm × 4.5 ～ 5.2 μm，正面卵圆形至椭圆形，侧面钝豆形至钝不等边形，光滑，芽孔明显，顶端稍平截，壁厚。担子具 4 小梗，棒状，18 ～ 24 μm × 6.0 ～ 7.5 μm，壁薄。

生　　境：秋季生于温带阔叶树树干上。

分　　布：分布于我国东北、华北等地区。

用　　途：有条件食用菌。

黄毛拟侧耳 *Phyllotopsis nidulans*

学　　名：***Phyllotopsis nidulans* (Pers.) Singer**, *Revue Mycol.*, Paris 1: 76 (1936)

同物异名：≡ ***Pleurotus nidulans* (Pers.) P. Kumm.**, *Führ. Pilzk.* (Zerbst): 105 (1871)

　　　　　≡ ***Panus nidulans* (Pers.) Pilát**, *Mykologia* (Prague) 7(2): 90 (1930)

　　　　　= ***Pocillaria stevensonii* (Berk. & Broome) Kuntze**, *Revis. gen. pl.* (Leipzig) 3(3): 506 (1898)

分类地位：真菌界 Fungi，担子菌门 Basidiomycota，蘑菇纲 Agaricomycetes，蘑菇目 Agaricales，拟侧耳科 Phyllotopsidaceae。

形态特征：菌盖宽 2 ～ 4 cm，扁半球形或扇形、肾形，自基部辐射状发生，展开后下凹呈漏斗形，黄褐色，有粗绒毛；盖缘波浪状，常内卷，往往有褐色鳞片。菌肉薄，半肉质，含水少，干后 1.0 ～ 2.5 mm，革质，白色至淡黄色。菌褶延生或直生，黄褐色，菌柄无或在菌盖基部有短缩柄状物。担孢子 5 ～ 6 μm × 2.0 ～ 2.5 μm，圆柱形至长椭圆形，光滑，无色，非淀粉质。

生　　境：春至秋季生于阔叶树倒木和原木上。

分　　布：分布于我国东北、华北、西北、华中、华南等地区。

用　　途：可食。

糙皮侧耳 *Pleurotus ostreatus*

学　　名：***Pleurotus ostreatus*** **(Jacq.) P. Kumm.**, *Führ. Pilzk.* (Zerbst): 104 (1871)

同物异名：≡ ***Crepidopus ostreatus*** **(Jacq.) Gray**, *Nat. Arr. Brit. Pl.* (London) 1: 616 (1821)

中文俗名：平菇、蚝菌、蚝菇。

分类地位：真菌界 Fungi，担子菌门 Basidiomycota，蘑菇纲 Agaricomycetes，蘑菇目 Agaricales，侧耳科 Pleurotaceae。

形态特征：菌盖宽 4 ～ 14 cm，初为扁平形至微突起，后平展呈扇形、肾形、贝壳形、半圆形等形状，浅灰色至黑褐色，后逐渐变成暗黄褐色，光滑或湿润时很黏，被纤维状绒毛或光滑；盖缘薄，幼时内卷，后逐渐平展至向外翻，有时开裂，边缘无条纹。菌肉厚，肉质，白色，鲜时柔软，干时坚硬，但遇水后复性强。菌褶宽 2 ～ 4 mm，常延生，白色、浅黄色至灰黄色。菌柄短或无柄，如有则侧生、稍偏生，长 1 ～ 3 cm，直径 1 ～ 2 cm，表面光滑或密生绒毛，白色，实心。担孢子 10.0 ～ 11.3 μm × 3.3 ～ 5 μm，圆柱形、长椭圆形，光滑，无色，非淀粉质。

生　　境：晚秋生于阔叶树倒木、枯立木、树桩、原木及衰弱的活立木基部。

分　　布：分布于我国大部分地区。

用　　途：食药兼用，已广泛人工栽培。

肺形侧耳 *Pleurotus pulmonarius*

学　　名：***Pleurotus pulmonarius* (Fr.) Quél.**, *Mém. Soc. Émul. Montbéliard*, Sér. 2 5: 11 (1872)

同物异名：= ***Pleurotus araucariicola* Singer**, *Lilloa* 26: 141 (1954)

中文俗名：凤尾菇、凤尾侧耳、肺形平菇、秀珍菇、印度鲍鱼菇。

分类地位：真菌界 Fungi，担子菌门 Basidiomycota，蘑菇纲 Agaricomycetes，蘑菇目 Agaricales，侧耳科 Pleurotaceae。

形态特征：菌盖宽 2.5 ～ 10.0 cm 或更大，半圆形、扇形、肾形、贝壳形、圆形，初期盖缘内卷，后渐平展，中部稍凹陷或呈微漏斗形，盖缘成熟时开裂成瓣状，灰白色或黄褐色，表面平滑。菌肉肉质，较硬，复性强，白色至乳白色。菌褶短延生至菌柄顶端，在菌柄处交织，中等密度或稍密，不等长。菌柄无或有，如果有菌柄则长 0.8 ～ 2.5 cm，直径 0.7 ～ 1.2 cm，偏生、侧生，实心，基部被绒毛。担孢子 7.5 ～ 10.0 μm × 3 ～ 5 μm，长椭圆形、圆柱形、椭圆形，具明显的尖突，光滑，无色，非淀粉质。

生　　境：春至秋季生于阔叶树枯木上。

分　　布：分布于我国东北、华北、华中、华南等地区。

用　　途：食药兼用；已人工栽培。

褐盘光柄菇 *Pluteus brunneidiscus*

学　　名：***Pluteus brunneidiscus* Murrill**, *N. Amer. Fl.* (New York) 10(2): 131 (1917)

同物异名：无。

分类地位：真菌界 Fungi，担子菌门 Basidiomycota，蘑菇纲 Agaricomycetes，蘑菇目 Agaricales，光柄菇科 Pluteaceae。

形态特征：菌盖直径 (1.5 ～)3 ～ 5.5(～ 8) cm，初期半球形或凸镜形，后渐平展；表面光滑，纤维状，往往中部更明显，褐色至深褐色；边缘具半透明条纹。菌褶离生，稠密，宽，白色至粉红色，不等长。菌柄长 3 ～ 5(～ 9) cm，直径 0.5 ～ 1.5 cm，等粗或基部稍膨大，白色，具棕色纵向纤毛，实心。担子 17 ～ 35 μm × 6 ～ 12 μm，棍棒状。担孢子 (5.5 ～)6.0 ～ 9.5 μm × (4.0 ～)4.5 ～ 6.5(～ 7.0) μm，宽椭圆形，光滑，玫瑰色。

生　　境：夏秋季生于林中地上或腐木上。

分　　布：分布于陕西省黄龙山，该菌为中国新记录种。

粒盖光柄菇 *Pluteus granularis*

学　　名：***Pluteus granularis* Peck**, *Ann. Rep. N.Y. St. Mus. nat. Hist.* 38: 135 (1885)

同物异名：≡ ***Pluteus granularis* var**. ***intermedius* Kauffman**, *Publications Mich. geol. biol. Surv.*,
　　　　　Biol. Ser. 5 26: 542 (1918)

分类地位：真菌界 Fungi，担子菌门 Basidiomycota，蘑菇纲 Agaricomycetes，蘑菇目 Agaricales，
　　　　　光柄菇科 Pluteaceae。

形态特征：菌盖直径 2.5 ～ 6.5 cm，扁半球形至平展，中央稍突，不黏，肉桂色至浅灰黄色，中
　　　　　央处有焦茶色或深褐色小鳞片或小颗粒。菌肉薄，白色至灰白色。菌褶离生，不等长，
　　　　　白色至浅粉红色或浅肉桂色。菌柄长 4 ～ 6 cm，直径 3 ～ 5 mm，圆柱形，基部稍膨大，
　　　　　有颗粒状或麸糠状小鳞片，有条纹，纤维质，基部被有白色绒毛或菌丝体。担孢子
　　　　　5.5 ～ 7.5 μm × 5.0 ～ 6.5 μm，近球形或卵形，光滑，淡粉红色。

生　　境：生于阔叶树腐木上。

分　　布：分布于我国华中、华北地区。

白光柄菇 *Pluteus pellitus*

学　　名：***Pluteus pellitus*** **(Pers.) P. Kumm.**, *Führ. Pilzk.* (Zerbst): 98 (1871)

同物异名：≡ ***Hyporrhodius pellitus*** **(Pers.) Henn.**, *Verh. bot. Ver. Prov. Brandenb.* 40: 139 (1898)

分类地位：真菌界 Fungi，担子菌门 Basidiomycota，蘑菇纲 Agaricomycetes，蘑菇目 Agaricales，光柄菇科 Pluteaceae。

形态特征：菌盖直径 5 ～ 7 cm，近半球形至平展中突形，中央稍突起，白色、近白色，中部稍暗，有淡褐色纤毛，具丝光。菌肉较薄，白色。菌褶白色至粉红色，密，较宽，离生，不等长，边缘锯齿状。菌柄长 4 ～ 7 cm，直径 4 ～ 6 mm，圆柱形，具丝光，白色至近白色，基部稍膨大并有黄褐色纤维。担孢子 5 ～ 8 μm×4 ～ 6 μm，近宽椭圆形，光滑，淡粉红色。

生　　境：夏秋季单生或群生于腐木上。

分　　布：分布于我国东北、西北、华北、华南等地区。

用　　途：可食，但味较差。

毒红菇 *Russula emetica*

学　　名：***Russula emetica*** **(Schaeff.) Pers.**, *Observ. mycol.* (Lipsiae) 1: 100 (1796)

同物异名：= ***Russula alpina*** **(A. Blytt & Rostr.) F.H. Møller & Jul. Schäff.**, *Annls mycol.* 38(2/4): 333 (1940)

　　　　　= ***Russula alnijorullensis*** **(Singer) Singer**, *Agaric. mod. Tax.*, Edn 4 (Koenigstein): 824 (1986)

分类地位：真菌界 Fungi，担子菌门 Basidiomycota，蘑菇纲 Agaricomycetes，红菇目 Russulales，红菇科 Russulaceae。

形态特征：菌盖直径 5～9 cm，初期呈扁半球形，后期变平展，老时下凹，黏，光滑，浅粉色至珊瑚红色，边缘色较淡，有棱纹，表皮易剥离。菌肉薄，白色，近表皮处红色，味苦。菌褶等长，纯白色，较稀，弯生，褶间有横脉。菌柄长 4～7.5 cm，直径 1.0～2.2 cm，圆柱形，白色或粉红色，内部松软。担孢子 8.0～10.5 μm × 7.5～9.5 μm，近球形，有小刺，无色，淀粉质。

生　　境：夏秋季散生于林中地上。

分　　布：分布于我国东北、华北、华中、华南等地区。

用　　途：有毒。

臭红菇 *Russula foetens*

学　　名：***Russula foetens* Pers.**, *Observ. mycol.* (Lipsiae) 1: 102 (1796)

同物异名：≡ *Agaricus foetens* **(Pers.) Pers.**, *Observ. mycol.* (Lipsiae) 2: 102 (1800)

分类地位：真菌界 Fungi，担子菌门 Basidiomycota，蘑菇纲 Agaricomycetes，红菇目 Russulales，红菇科 Russulaceae。

形态特征：菌盖直径 5 ～ 10 cm，初期扁半球形、后期渐平展，中部稍凹陷，浅黄色至污赭色至浅黄褐色，中部土褐色，表面光滑，黏，边缘具有由小疣组成的明显粗条纹。菌肉薄，污白色，近表皮处呈浅黄色，质脆，具腥臭气味；口感味道辛辣且具苦味。菌褶弯生，稠密，褶幅宽，初期污白色，后期渐变浅黄色，常具暗色斑痕，一般等长，较厚，基部具分叉。菌柄长 4 ～ 10 cm，直径 1.5 ～ 3 cm，较粗壮，上下等粗或向下稍渐细，污白色至污褐色，老熟或伤后常出现深色斑痕，内部松软渐变空心。担孢子 7.5 ～ 10 μm × 7 ～ 9.5 μm，球形至近球形，有明显小刺或疣突至棱纹，无色，淀粉质。

生　　境：夏秋季群生或散生于针叶林或阔叶林中地上。

分　　布：全国各地均有分布。

用　　途：有毒。

香红菇 *Russula odorata*

学　　名：***Russula odorata* Romagn**., *Bull. mens. Soc. linn. Soc. Bot. Lyon* 19: 76 (1950)

同物异名：= ***Russula lilacinicolor* J. Blum**, *Bull. trimest. Soc. mycol. Fr.* 68(2): 253 (1952)

分类地位：真菌界 Fungi，担子菌门 Basidiomycota，蘑菇纲 Agaricomycetes，红菇目 Russulales，红菇科 Russulaceae。

形态特征：子实体中等大，菌盖直径 2.7 ～ 5.6 cm，起初半球形，后渐平展，中央稍下凹，边缘有时上翘，具短条夹纹，菌盖灰绿色，中央色深，干后灰黑色，光滑，湿时稍粘，表皮下白色，菌肉白色、薄，约 1 ～ 2 mm，无明显气味，伤不变色。菌褶米白色，干后变土黄色，直生，不等长、稀。菌柄圆柱形向下渐细，白色，长 3.6 ～ 4.9 cm，粗 1.1 ～ 1.5 cm，中实。孢子 7.5 ～ 9.0 μm × 6.0 ～ 8.0 μm，宽椭圆形或近球形，浅黄色，有独立的小疣，淀粉质。担子 16.8 ～ 36.0 μm × 8.4 ～ 12.0 μm，棒状上部膨大，无色，内含有大油滴，有四个小梗。

生　　境：生于林间地上。

分　　布：分布于内蒙古、陕西等地。

血红菇 *Russula sanguinea*

学　　名：***Russula sanguinea*** **Fr**., *Epicr. syst. mycol.* (Upsaliae): 351 (1838)

同物异名：≡ ***Agaricus sanguineus*** **Bull**., *Herb. Fr.* (Paris) 1: tab. 42 (1781)

分类地位：真菌界 Fungi，担子菌门 Basidiomycota，蘑菇纲 Agaricomycetes，红菇目 Russulales，红菇科 Russulaceae。

形态特征：菌盖直径 3 ～ 10 cm，初期凸镜形，后期渐平展，中部下凹呈浅碟状，初期亮血红色至玫瑰红色，干后带紫色，后期常不规则褪色。菌肉白色，伤后不变色，具水果香味，味道辛辣。菌褶直生至稍延生，奶油色至浅赭色，稍密，褶幅窄，具分叉，等长。菌柄长 5 ～ 8 cm，直径 1 ～ 2 cm，上下等粗或向下稍细，通常与菌盖近同色，少数为白色，老熟后或触摸后呈橙黄色，内部实心。担孢子 7 ～ 8 μm × 6.0 ～ 7.5 μm，球形至近球形，无色，表面具小疣，疣间有连线，但不形成网纹。

生　　境：生于林间地上。

分　　布：分布于我国东北、华北地区。

用　　途：可食。

裂褶菌 *Schizophyllum commune*

学　　名： ***Schizophyllum commune* Fr**. [as '*Schizophyllus communis*'], *Observ. mycol.* (Havniae) 1: 103 (1815)

同物异名： = ***Schizophyllum alneum* (L.) J. Schröt**., in Cohn, *Krypt.-Fl. Schlesien* (Breslau) 3.1(33–40): 553 (1889)

　　　　　= ***Scaphophorum agaricoides* Ehrenb**., *Horae Phys. Berol.*: 94 (1820)

中文俗名： 八担柴、天花菌、树花。

分类地位： 真菌界 Fungi，担子菌门 Basidiomycota，蘑菇纲 Agaricomycetes，蘑菇目 Agaricales，裂褶菌科 Schizophyllaceae。

形态特征： 菌盖宽 5～20 mm，扇形，灰白色至黄棕色，被绒毛或粗毛；边缘内卷，常呈瓣状，有条纹。菌肉厚约 1 mm，白色，韧，无味。菌褶白色至棕黄色，不等长，褶缘中部纵裂成深沟纹。菌柄常无。担孢子 5～7 μm × 2.0～3.5 μm，椭圆形或腊肠形，光滑，无色，非淀粉质。

生　　境： 散生至群生，常叠生于腐木或腐竹上。

分　　布： 全国各地均有分布。

用　　途： 幼嫩时可食，药用；可栽培。

白漏斗辛格杯伞 *Singerocybe alboinfundibuliformis*

学　　名：***Singerocybe alboinfundibuliformis*** **(Seok, Yang S. Kim, K.M. Park, W.G. Kim, K.H. Yoo & I.C. Park) Zhu L. Yang, J. Qin & Har. Takah.**, *Mycologia* 106(5): 1022 (2014)

同物异名：≡ *Clitocybe alboinfundibuliformis* Seok, Yang S. Kim, K.M. Park, W.G. Kim, K.H. Yoo & I.C. Park [as '*alboinfundibuliforme*'], *Mycobiology* 37(4): 295 (2009)

分类地位：真菌界 Fungi，担子菌门 Basidiomycota，蘑菇纲 Agaricomycetes，蘑菇目 Agaricales，口蘑科 Tricholomataceae。

形态特征：菌盖直径 2 ～ 4 cm，中央下陷至菌柄基部，白色至米色，边缘有辐射状透明条纹。菌肉薄，白色，无特殊气味。菌褶下延，白色，低矮。菌柄长 3 ～ 6 cm，直径 3 ～ 7 mm，圆柱形，白色至米色，空心。担孢子 6 ～ 8 μm × 4 ～ 5 μm，椭圆形，光滑，无色，非淀粉质。

生　　境：夏秋季生于针叶林或针阔混交林中地上或腐殖质上。

分　　布：分布于我国华中、华北地区。

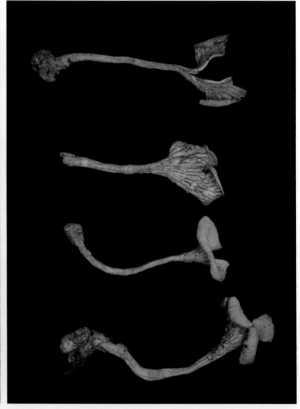

铜绿球盖菇 *Stropharia aeruginosa*

学　　名：***Stropharia aeruginosa* (Curtis) Quél.**, *Mém. Soc. Émul. Montbéliard*, Sér. 2 5: 141 (1872)

同物异名：≡ ***Pratella aeruginosa* (Curtis) Gray**, *Nat. Arr. Brit. Pl.* (London) 1: 626 (1821)

　　　　　≡ ***Psalliota aeruginosa* (Curtis) P. Kumm.**, *Führ. Pilzk.* (Zerbst): 73 (1871)

分类地位：真菌界 Fungi，担子菌门 Basidiomycota，蘑菇纲 Agaricomycetes，蘑菇目 Agaricales，球盖菇科 Strophariaceae。

形态特征：菌盖直径 3～7 cm，钟形至半球形，后逐渐平展，中部丘形，有时平或微陷；初期菌盖表面覆层黏液，并具有白色绵毛状小鳞片，尤其盖缘，铜绿色至绿色，随着黏液层的消失盖色转变为黄绿色或灰褐绿色，通常菌盖表面铜绿色至绿色上具有不均匀黄色斑点。菌肉白色。菌褶直生至弯生，初期灰白色逐渐转变为灰紫褐色。菌柄长 4.5～7.5 cm，直径 4～8 mm，等粗或向上渐细，基部具有白色菌索。菌环上位或中位，膜质，易脱落。担孢子 8.0～9.5 μm×5～6 μm，椭圆形，光滑，淡灰褐色。

生　　境：夏秋季单生至散生于针叶林或针阔混交林中腐木、落叶层或地上。

分　　布：全国各地均有分布。

用　　途：有条件食用菌。

天蓝球盖菇 *Stropharia caerulea*

学　　名：***Stropharia caerulea* Kreisel**, *Beih. Sydowia* 8: 229 (1979)

同物异名：≡ ***Psilocybe caerulea* (Kreisel) Noordel**., *Persoonia* 16(1): 128 (1995)

　　　　　= ***Stropharia cyanea* sensu Orton**; fide Checklist of Basidiomycota of Great Britain and
Ireland (2005)

分类地位：真菌界 Fungi，担子菌门 Basidiomycota，蘑菇纲 Agaricomycetes，蘑菇目 Agaricales，
球盖菇科 Strophariaceae。

形态特征：菌盖直径 2～4 cm，初期钟形，后期宽钟形或近凸镜形；初期菌盖表面黏稠，
光滑，墨蓝色，有时盖色褪为黄绿色，或形成淡黄色斑块；幼时边缘具部分白色菌幕残留。
菌褶直生，初期白色，后变为紫灰色至紫棕色。菌柄长 3～5 cm，直径 0.5～ 1.0 cm，等
粗至基部膨大；新鲜时黏稠，菌环膜质，易脱落；上部白色，下部与菌盖同色；菌
索白色。担孢子 7～9 μm×4.5～5.5 μm，椭圆形至卵形，光滑。

生　　境：夏秋季单生或散生于针阔混交林中腐枝落叶层上。

分　　布：分布于陕西省黄龙山，该菌为中国新记录种。

木生球盖菇 *Stropharia lignicola*

学　　名：***Stropharia lignicola* E.J. Tian**, *Phytotaxa* 505(3): 286-296 (2021)

同物异名：无。

分类地位：真菌界 Fungi，担子菌门 Basidiomycota，蘑菇纲 Agaricomycetes，蘑菇目 Agaricales，球盖菇科 Strophariaceae。

形态特征：子实体小型至中型，菌盖直径 3.0～5.5 cm，半球形至凸镜形，渐平展至宽凸镜形，具有一个内卷的边缘，中部具有钝凸，肉桂色至浅黄褐色，表面黏，附着浅黄褐色平伏斑点状鳞片，或者有时具有稍反卷至鳞屑状白色鳞片，边缘初期具有黄白色菌幕残片。菌肉肉质，近白色，味道和气味温和。菌褶直生，浅黄褐色，密，中度宽，边缘平。菌柄长 3～5 cm，粗 1.0～1.5 cm，中生，等粗或基部稍膨大，白色，向基部表面附着反卷的浅黄色鳞片，中空，基部具有白色菌丝体和发育良好的菌索。内菌幕形成一个浅黄色膜质菌环，有时易消失。 担孢子 (4.8～)5～6 μm × 3.2～4.2(～5) μm，正面椭圆形至近卵圆形，侧面不等边形，壁厚，光滑，芽孔微小。担子 18～27 μm × 6.5～8.9 μm，4 孢，棒状。

生　　境：秋季群生至簇生于阔叶林中地上或腐木桩上。

分　　布：分布于湖南、陕西等地。

耳状小塔氏菌 *Tapinella panuoides*

学　　名：***Tapinella panuoides* (Fr.) E.-J. Gilbert**, *Les Livres du Mycologue Tome I-IV*, Tom. III: Les Bolets: 68 (1931)

同物异名：≡ ***Paxillus panuoides* (Fr.) Fr.**, *Epicr. syst. mycol.* (Upsaliae): 318 (1838)

　　　　　≡ ***Plicaturella panuoides* (Fr.) Rauschert**, *Nova Hedwigia* 54(1-2): 225 (1992)

分类地位：真菌界 Fungi，担子菌门 Basidiomycota，蘑菇纲 Agaricomycetes，牛肝菌目 Boletales，小塔氏菌科 Tapinellaceae。

形态特征：子实体小至中等。菌盖直径 3～8 cm，初期近扁平或平展，后期贝状、半圆形、耳状或呈扇形，浅黄色至褐黄色，被绒毛状小鳞片，后期变光滑，边缘波状或瓣裂。菌肉薄，白色至污白色。菌褶浅黄色或橙黄色，延生，密而窄，弯曲而多横脉，往往靠近基部交织成网状。几无柄。孢子印锈色。孢子淡黄至带褐色，光滑，近球形，4～5 μm × 3～4 μm。

生　　境：夏秋季在针叶树腐木上群生或叠生。

分　　布：分布于黑龙江、吉林、河北、山西、陕西、广东、香港、广西、云南等地。

用　　途：有记载有毒。

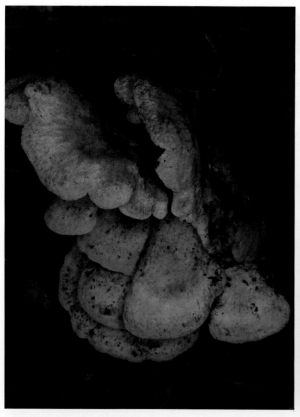

棕灰口蘑 *Tricholoma terreum*

学　　名：***Tricholoma terreum* (Schaeff.) P. Kumm.**, *Führ. Pilzk.* (Zerbst): 134 (1871)

同物异名：≡ ***Cortinellus terreus* (Schaeff.) P. Karst.**, *Bidr. Känn. Finl. Nat. Folk* 32: 29 (1879)

　　　　　= ***Tricholoma myomyces* (Pers.) J.E. Lange**, *Dansk bot. Ark.* 8(no. 3): 21 (1933)

分类地位：真菌界 Fungi，担子菌门 Basidiomycota，蘑菇纲 Agaricomycetes，蘑菇目 Agaricales，口蘑科 Tricholomataceae。

形态特征：菌盖直径 3 ～ 5 cm，扁半球形至平展，淡灰色、灰色至褐灰色，表面有匍匐的纤丝状鳞片。菌肉肉质，白色。菌褶弯生，白色至米色。菌柄长 3 ～ 5 cm，直径 0.4 ～ 1.0 cm，白色至污色，近光滑。担孢子 5.5 ～ 7.0 μm × 4 ～ 5 μm，椭圆形至宽椭圆形，光滑，无色，非淀粉质。

生　　境：夏季生于林中地上。

分　　布：分布于我国大部分地区。

用　　途：可食。

黏盖草菇 *Volvopluteus gloiocephalus*

学　　名：***Volvopluteus gloiocephalus*** (DC.) **Vizzini, Contu & Justo**, in Justo, Vizzini, Minnis, Menolli, Capelari, Rodríguez, Malysheva, Contu, Ghignone & Hibbett, *Fungal Biology* 115(1): 15 (2011)

同物异名：≡ ***Volvariella gloiocephala*** (DC.) **Boekhout & Enderle**, *Beitr. Kenntn. Pilze Mitteleur*. 2: 78 (1986)

　　　　　= ***Volvariella speciosa*** (Fr.) **Singer**, *Lilloa* 22: 401 (1951)

分类地位：真菌界 Fungi，担子菌门 Basidiomycota，蘑菇纲 Agaricomycetes，蘑菇目 Agaricales，光柄菇科 Pluteaceae。

形态特征：菌盖直径 6 ～ 13 cm，初期钟形，后期渐平展，中部突起，表面光滑，黏，粉灰褐色至藕粉色，中部棕灰色，边缘具长条棱。菌肉白色至污白色。菌褶离生，初期灰白色，后期渐变为浅肉桂色，稍密。菌柄长 7 ～ 17 cm，直径 1.0 ～ 1.5 cm，圆柱形，向基部渐膨大，白色或较菌盖色浅，内部实心至松软。菌托白色，杯状。担孢子 10.0 ～ 14.5 μm × 7 ～ 8 μm，宽椭圆形至椭圆形，光滑，淡粉红色。

生　　境：夏秋季单生或群生于草地或阔叶林中地上。

分　　布：分布于我国东北、华北、华中、华南和西北等地区。

用　　途：可食，但也有文献记载有毒，慎食。

第六章

牛肝菌

CHAPTER VI
BOLETES

非美味美牛肝菌 *Caloboletus inedulis*

学　　名：*Caloboletus inedulis* (Murrill) Vizzini, *Index Fungorum* 146: 1 (2014)

同物异名：≡ *Boletus inedulis* (Murrill) Murrill, *Mycologia* 30(5): 525 (1938)

　　　　　≡ *Ceriomyces inedulis* Murrill, *Mycologia* 30(5): 523 (1938)

分类地位：真菌界 Fungi，担子菌门 Basidiomycota，蘑菇纲 Agaricomycetes，牛肝菌目 Boletales，牛肝菌科 Boletaceae。

形态特征：菌盖直径 6 ～ 13 cm，半球形至近平展，干，湿时稍黏，有绒质感，肉质，初期紫红色至红褐色、成熟后深褐色至紫褐色。菌肉厚 10 ～ 15 mm，初期灰白色，伤后变粉红色，随后逐渐变黑。菌管长 3 ～ 6 mm，黄色。孔口每毫米 2 ～ 3 个，致密，近柄处稍下凹，伤后变蓝色。菌柄长 4 ～ 8 cm，直径 1.0 ～ 1.5 cm，圆柱形，顶端部分为黄色，下 4/5 为紫红色，伤后初变蓝色，随后再变黑色。担孢子 8 ～ 10 μm × 3.8 ～ 4.5 μm，长椭圆形至长棒状，光滑，无色至淡黄棕色。

生　　境：夏秋季单生或散生于壳斗科树林中地上。

分　　布：分布于我国华南、华北地区。

毡盖美牛肝菌 *Caloboletus panniformis*

学　　名：***Caloboletus panniformis* (Taneyama & Har. Takah.) Vizzini**, *Index Fungorum* 146: 1 (2014)

同物异名：≡ ***Boletus panniformis* Taneyama & Har**. **Takah**., in Takahashi, Taneyama & Degawa, *Mycoscience* 54(6): 459 (2013)

分类地位：真菌界 Fungi，担子菌门 Basidiomycota，蘑菇纲 Agaricomycetes，牛肝菌目 Boletales，牛肝菌科 Boletaceae。

形态特征：菌盖直径 6～12 cm，半球形至扁半球形，密被灰褐色、褐色至红褐色的毡状至绒状鳞片，边缘稍延生。菌肉黄色至淡黄色，渐变淡蓝色，味苦。菌管及孔口初期米色，成熟后黄色至污黄色，伤后速变蓝色。菌柄长 7～12 cm，直径 2～3 cm，向下变粗，中下部红色，顶部污黄色，密被红褐色至红色细鳞，上半部有时被网纹。担孢子 11～16 μm × 4～6 μm，近梭形，光滑，淡黄色。菌盖表皮由不规则排列的菌丝组成。

生　　境：夏秋季生于针叶林或针阔混交林中地上。

分　　布：分布于我国大部分地区，特别是华中地区。

半裸松塔牛肝菌 *Strobilomyces seminudus*

学　　名：***Strobilomyces seminudus* Hongo**, *Trans. Mycol. Soc. Japan* 23(3): 197 (1983)

同物异名：无。

分类地位：真菌界 Fungi，担子菌门 Basidiomycota，蘑菇纲 Agaricomycetes，牛肝菌目 Boletales，牛肝菌科 Boletaceae。

形态特征：菌盖直径 7 ～ 9 cm，初半球形，后扁半球形至近平展，污白色至淡灰色，被黑灰色至近黑色绒状近平伏的鳞片，伤后变黑褐色，常龟裂，露出白色菌肉，初期边缘悬垂有近黑色的菌幕残余。菌肉白色至污白色或淡灰色，伤后变红褐色至淡橘红色，之后渐变为黑灰色。菌管近柄处下凹，褐灰色，伤后变褐色，很快再变为近黑色。孔口每毫米 1 ～ 2 个，多角形，近白色、灰白色至灰黑色。菌柄长 4 ～ 10 cm，直径 0.6 ～ 1.3 cm，圆柱形，上部密被淡灰色至灰白色绒毛，下部被近黑色绒状鳞片，顶部网纹较明显。担孢子 8 ～ 10 μm × 7 ～ 9 μm，近球形，有不完整网纹及疣突，褐色至深褐色。

生　　境：夏秋季生于栲树、栎树等壳斗科植物组成的亚热带常绿阔叶林中地上。

分　　布：分布于我国华北、华中、华南等地区。

褐环乳牛肝菌 *Suillus luteus*

学　　名：***Suillus luteus*** **(L.) Roussel**, *Fl. Calvados*: 34 (1796)

同物异名：≡ ***Boletus luteus*** **L.**, *Sp. pl.* 2: 1177 (1753)

分类地位：真菌界 Fungi，担子菌门 Basidiomycota，蘑菇纲 Agaricomycetes，牛肝菌目 Boletales，
乳牛肝菌科 Suillaceae。

形态特征：菌盖宽 4 ～ 10 cm，幼时扁半球形，后渐平展，表面黄褐色至深肉桂色，很黏，光滑，
边缘完全，偶有内菌幕残片挂于其上。菌肉淡黄色，味回甜，厚 0.8 cm 左右。菌管
每厘米 20 ～ 30 个，长 0.3 ～ 0.4 cm，管面及管里均为菜花黄色，管孔多角形，蜂
窝状排列，与柄接近处凹陷，有的直生，有的菌管下延为柄上部的网纹（下延约为
0.1 ～ 0.2 cm）。菌柄近柱形，长 2 ～ 7 cm，粗 1.1 ～ 1.5 cm，表面有红褐色小腺点，
柄的上部为菜花黄色，下部为浅褐红色，内实，肉质。菌环浅褐色，位于菌柄上部，
膜质，薄。担孢子近梭形，浅黄色，大小 6.3 ～ 9 μm × 3.0 ～ 3.6 μm。

生　　境：生于针阔混交林，针叶林中地上。子实体发生在秋冬、早春，呈散生或群生。

分　　布：在全国均有分布。

用　　途：有条件食用菌。

灰乳牛肝菌 *Suillus viscidus*

学　　名：***Suillus viscidus* (L.) Roussel**, *Fl. Calvados*: 34 (1796)

同物异名：≡ ***Boletus viscidus* L.**, *Sp. pl.* 2: 1177 (1753)

　　　　　= ***Suillus aeruginascens* Secr. ex Snell**, in Slipp & Snell, *Lloydia* 7(1): 25 (1944)

分类地位：真菌界 Fungi，担子菌门 Basidiomycota，蘑菇纲 Agaricomycetes，牛肝菌目 Boletales，乳牛肝菌科 Suillaceae。

形态特征：菌盖直径 3.7 ～ 8.8 cm，半球形至平展、中央突起，污白色至灰绿色，稍黏，具褐色易脱落块状鳞片，边缘稍内卷。菌肉乳白色，较厚，伤后近柄处微变绿色。菌管延生，初期白色至灰白色、成熟后变褐色。孔口直径 1 ～ 2 mm、多角形，放射状排列，不易与菌肉分离，与菌管同色，伤后略变青绿色。菌柄长 5.3 ～ 7.4 cm，直径 1.1 ～ 1.8 cm，圆柱形，基部稍膨大，粗糙，形成网纹，灰色至污褐色，实心，内部菌肉切开后微变绿色。菌环上位，膜质，有时略带红色，易消失。担孢子 11 ～ 14 μm × 4.5 ～ 6.0 μm，长椭圆形，光滑薄壁，近无色至淡黄色。

生　　境：夏秋季单生或群生于针阔混交林中地上。

分　　布：分布于我国东北、华北、华中地区。

用　　途：可食。

红小绒盖牛肝菌 *Xerocomellus chrysenteron*

学　　名：***Xerocomellus chrysenteron* (Bull.) Šutara**, *Czech Mycol.* 60(1): 49 (2008)

同物异名：≡ ***Boletus chrysenteron* Bull.**, *Hist. Champ. Fr.* (Paris) 1(2): 328 (1791)

　　　　　≡ ***Xerocomus chrysenteron* (Bull.) Quél.**, *Fl. mycol. France* (Paris): 418 (1888)

分类地位：真菌界 Fungi，担子菌门 Basidiomycota，蘑菇纲 Agaricomycetes，牛肝菌目 Boletales，牛肝菌科 Boletaceae。

形态特征：菌盖直径 4 ～ 10 cm，初期半球形，后期平展，暗红色或红褐色，后呈污褐色或土黄色，干燥，被绒毛，常有细小龟裂，表皮易剥落。菌肉浅黄色，伤后变蓝色。菌管长 10 ～ 15 mm，直生，亮黄色。孔口宽 1 ～ 2 mm，不整齐，复式排列，多角形。菌柄长 4 ～ 8 cm，直径 8 ～ 15 mm，圆柱形，稍扭曲，上部带黄色，常有红色小点或条纹，无网纹，实心。担孢子 10 ～ 14 μm × 5.0 ～ 6.5 μm，椭圆形或纺锤形，平滑，带淡黄褐色。

生　　境：夏秋季散生或群生于阔叶林中地上。

分　　布：分布于我国东北、华北、华中、华南等地区。

用　　途：可食。

血红臧式牛肝菌 *Zangia erythrocephala*

学　　名：***Zangia erythrocephala* Y.C. Li & Zhu L. Yang**, in Li, Feng & Yang, *Fungal Diversity* 49: 134 (2011)

同物异名：无。

分类地位：真菌界 Fungi，担子菌门 Basidiomycota，蘑菇纲 Agaricomycetes，牛肝菌目 Boletales，牛肝菌科 Boletaceae。

形态特征：菌盖直径 3～8 cm，扁半球形，红色、暗红色、紫红色至红褐色。菌肉近白色带粉色，伤不变色。菌管淡粉红色。孔口淡粉红色，伤不变色。菌柄长 4～9 cm，直径 0.5～1.2 cm，圆柱形，淡红色至粉红色，被粉红色鳞片，基部亮黄色，内部菌肉伤后稍变色。担孢子 12～15 μm × 5.5～6.5 μm，近梭形至长椭圆形，光滑，淡粉红色。菌盖表皮由纵向链状排列的膨大细胞组成，末端细胞有时由菌丝组成。

生　　境：夏季生于针叶林和针阔混交林中地上。

分　　布：分布于我国华北、华中、青藏高原等地区。

第七章

腹菌

CHAPTER VII
GASTEROID FUNGI

梨形马勃 *Apioperdon pyriforme*

学　　名： ***Apioperdon pyriforme* (Schaeff.) Vizzini**, in Vizzini & Ercole, *Phytotaxa* 299(1): 81 (2017)

同物异名： ≡ ***Lycoperdon pyriforme* Schaeff.**, *Fung. bavar. palat. nasc.* (Ratisbonae) 4: 128 (1774)

　　　　　　≡ ***Morganella pyriformis* (Schaeff.) Kreisel & D**. **Krüger** [as '*pyriforme*'], in Krüger & Kreisel, *Mycotaxon* 86: 175 (2003)

分类地位： 真菌界 Fungi，担子菌门 Basidiomycota，蘑菇纲 Agaricomycetes，蘑菇目 Agaricales，马勃科 Lycoperdaceae。

形态特征： 子实体高 2.0～4.5 cm，宽 1.8～4.8 cm，梨形、近球形或短棒形，具短柄，不育基部发达，由白色根状菌索固定于基物上，新鲜时奶油色至淡褐黄色，老后栗褐色，分为头部和柄部。头部表面具疣状颗粒或细刺，或具网纹。 老后孢体变为橄榄色，呈棉絮状并混杂褐色担孢子粉。担孢子直径 3.5～4.5 μm，球形，褐色或橄榄色，平滑，薄壁，含 1 个大油珠。

生　　境： 夏秋季丛生、散生或群生于阔叶树腐木上，有时也生于林中地上。

分　　布： 全国各地均有分布。

用　　途： 幼时可食，老后药用。

粟粒皮秃马勃 *Calvatia boninensis*

学　　名：***Calvatia boninensis* S. Ito & S. Imai**, *Trans. Sapporo nat. Hist. Soc.* 16: 9 (1939)

同物异名：无。

分类地位：真菌界 Fungi，担子菌门 Basidiomycota，蘑菇纲 Agaricomycetes，蘑菇目 Agaricales，马勃科 Lycoperdaceae。

形态特征：子实体直径 3 ～ 8 cm，近球形或近陀螺形，不育基部通常宽而短，表皮细绒状，龟裂为栗色、褐红色或棕褐色细小斑块或斑纹。包被褐色，成熟开裂时上部易消失，柄状基部不易消失。产孢组织幼时白色至近白色，后变黄色，呈棉絮状，成熟后孢粉暗褐色。担孢子 4.0 ～ 5.5 μm × 3 ～ 4 μm，宽椭圆形至近球形，有小疣，淡青黄色。

生　　境：夏秋季单生或群生于林中腐殖质丰富的地上。

分　　布：分布于我国东北、华北、华南等地区。

用　　途：幼时可食用。

大秃马勃 *Calvatia gigantea*

学　　名：***Calvatia gigantea* (Batsch) Lloyd**, *Mycol. Writ. 1 (Lycoperd. Australia)* 1: 166 (1904)

同物异名：≡ ***Lycoperdon giganteum* Batsch**, *Elench. fung.* (Halle): 237 (1786)

分类地位：真菌界 Fungi，担子菌门 Basidiomycota，蘑菇纲 Agaricomycetes，蘑菇目 Agaricales，马勃科 Lycoperdaceae。

形态特征：子实体直径 15 ～ 35 cm 或更大，球形、近球形或不规则球形，无柄，不育基部无或很小，由粗菌索与地面相连。外包被初为白色或污白色，后变浅黄色或淡绿黄色，初具微绒毛，鹿皮状，光滑或粗糙，有些部位具网纹，薄，脆，成熟后开裂成不规则块状剥落。产孢组织幼时白色，柔软，后变硫黄色或橄榄褐色。担孢子 3.5 ～ 5.5 μm × 3 ～ 5 μm，卵圆形、杏仁形或球形，光滑或有时具细微小疣，厚壁，淡青黄色或浅橄榄色。孢丝长，与担孢子同色，稍分枝，具横隔但稀少，浅橄榄色。

生　　境：夏秋季单生或群生于旷野的草地上。

分　　布：全国各地均有分布。

用　　途：幼时可食，药用。

袋形地星 *Geastrum saccatum*

学　　名：***Geastrum saccatum* Fr.**, *Syst. mycol.* (Lundae) 3(1): 16 (1829)

同物异名：= ***Geastrum lloydianum* Rick** [as '*Geaster*'], *Brotéria*, Rev. scienc. nat. Colleg. S. Fiel 5: 27 (1906)

分类地位：真菌界 Fungi，担子菌门 Basidiomycota，蘑菇纲 Agaricomycetes，地星目 Geastrales，地星科 Geastraceae。

形态特征：菌蕾高 1～3 cm，直径 1～3 cm，扁球形、近球形、卵圆形、梨形，顶部呈喙状，基部具根状菌索。外包被污白色至深褐色，具不规则皱纹、纵裂纹，并生有绒毛；成熟后开裂成 5～8 片瓣裂，肉质，较厚，基部袋状。内包被扁球形，深陷于外包被中，顶部呈近圆锥形。产孢组织中有囊轴。担孢子直径 3～4 μm，球形至近球形，褐色，有疣突，稍粗糙。

生　　境：夏秋季生于阔叶林和针阔混交林中地上，有时也生于林缘的空旷地上。

分　　布：分布于我国大部分地区。

用　　途：药用。

尖顶地星 *Geastrum triplex*

学　　名：***Geastrum triplex* Jungh.** [as '*Geaster*'], *Tijdschr. Nat. Gesch. Physiol.* 7: 287 (1840)

同物异名：= ***Geastrum michelianum* (Sacc.) W.G. Sm**. [as '*Geaster*'], *Gard. Chron.*, London: 608 (1873)

分类地位：真菌界 Fungi，担子菌门 Basidiomycota，蘑菇纲 Agaricomycetes，地星目 Geastrales，地星科 Geastraceae。

形态特征：子实体较小。初期扁球形，外包被基部浅袋形，上半部分裂为 5～8 个尖瓣，裂片反卷，外表光滑，蛋壳色，内层肉质，干后变薄，栗褐色，常常与纤维质的中层分离而部分脱落，仅基部留存。内包被无柄，球形，粉灰色至烟灰色，直径 17～27 mm，嘴部明显，宽圆锥形。孢子球形，褐色，有小疣，直径 3.5～5.0 μm。孢丝浅褐色，不分枝，粗达 7 μm。

生　　境：夏秋季单生至散生于林中地上。

分　　布：分布于我国华北、西北、华中等地区。

用　　途：药用。孢子粉用于外伤止血消肿、解毒。

长刺马勃 *Lycoperdon echinatum*

学　　名：***Lycoperdon echinatum* Pers.**, *Ann. Bot. (Usteri)* 1: 147 (1794)

同物异名：≡ ***Utraria echinata* (Pers.) Quél.**, *Mém. Soc. Émul. Montbéliard*, Sér. 2 5: 367 (1873)

　　　　　= ***Lycoperdon hoylei* Berk. & Broome**, *Ann. Mag. nat. Hist.*, Ser. 4 7: 430 (1871)

分类地位：真菌界 Fungi，担子菌门 Basidiomycota，蘑菇纲 Agaricomycetes，蘑菇目 Agaricales，马勃科 Lycoperdaceae。

形态特征：子实体高 2 ～ 4 cm，宽 2.0 ～ 4.5 cm，近球形至近梨形，不育基部较短，浅青褐色，具粗壮暗褐色的长刺。刺成丛，基部分离，顶部聚集，后期脱落，遗留周围小疣，使包被呈网状斑纹。内包被成熟后紫褐色。担孢子直径 5.0 ～ 5.5 μm，近球形，具小疣和易脱落的细柄，褐色。

生　　境：夏秋季单生或群生于阔叶林中地上。

分　　布：分布于我国华中、华北地区。

用　　途：药用。

网纹马勃 *Lycoperdon perlatum*

学　　名：***Lycoperdon perlatum* Pers.**, *Observ. mycol.* (Lipsiae) 1: 4 (1796)

同物异名：= ***Lycoperdon lacunosum* Bull.**, *Herb. Fr.* (Paris) 2: tab. 52 (1782)

　　　　　= ***Lycoperdon gemmatum* Batsch**, *Elench. fung.* (Halle): 147 (1783)

　　　　　= ***Lycoperdon bonordenii* Massee**, *J. Roy. Microscop. Soc.*: 713 (1887)

分类地位：真菌界 Fungi，担子菌门 Basidiomycota，蘑菇纲 Agaricomycetes，蘑菇目 Agaricales，马勃科 Lycoperdaceae。

形态特征：子实体高 3 ～ 8 cm，宽 2 ～ 6 cm，倒卵形至陀螺形，表面覆盖疣状和锥形突起，易脱落，脱落后在表面形成淡色圆点，连接成网纹，初期近白色或奶油色，后变灰黄色至黄色，老后淡褐色。不育基部发达或伸长如柄。担孢子直径 3.5 ～ 4.0 μm，球形，壁稍薄，具微细刺状或疣状突起，无色或淡黄色。

生　　境：夏秋季群生于针叶林或阔叶林中地上，有时生于腐木上或路边的草地上。

分　　布：全国各地均有分布。

用　　途：幼时可食，药用。

赭色马勃 *Lycoperdon umbrinum*

学　　名：***Lycoperdon umbrinum* Pers.**, *Syn. meth. fung.* (Göttingen) 1: 147 (1801)

同物异名：= ***Lycoperdon hirtum* (Pers.) Mart.**, *Fl. crypt. erlang.* (Nürnberg): 386 (1817)

分类地位：真菌界 Fungi，担子菌门 Basidiomycota，蘑菇纲 Agaricomycetes，蘑菇目 Agaricales，马勃科 Lycoperdaceae。

形态特征：子实体宽 3.0 ～ 5.5 cm，宽 2.5 ～ 5.0 cm，近球形、扁球形至圆陀螺形。外包被幼时白色至污白色，后呈浅褐色至深褐色，成熟时龟裂为颗粒或小刺粒，不易脱落，老后部分脱落。不育基部发达，连接有污白色的根状菌索。担孢子直径 4.0 ～ 5.2 μm，球形，粗糙，内部有 1 个油滴，褐色，带长达 1 μm 的短柄。

生　　境：夏秋季生于混交林中地上，偶尔生于腐木上。

分　　布：全国各地均有分布。

用　　途：药用。

五棱散尾鬼笔 *Lysurus mokusin*

学　　名：***Lysurus mokusin* (L.) Fr.**, *Syst. mycol.* (Lundae) 2(2): 288 (1823)

同物异名：≡ ***Phallus mokusin* L.**, *Suppl. Pl.*: 514 (1782)

分类地位：真菌界 Fungi，担子菌门 Basidiomycota，蘑菇纲 Agaricomycetes，鬼笔目 Phallales，鬼笔科 Phallaceae。

形态特征：子实体成熟时高 10 ～ 13 cm，直径 1.5 ～ 3.0 cm，初期卵形，笔形。托臂 4 ～ 7 条，红色至粉红色，近顶生。顶端不育，粉红色，初连生，后分开。孢体黏液橄榄褐色，生于托臂内侧。菌柄长 7 ～ 10 cm，直径 1 ～ 2 cm，具有 4 ～ 7 条纵向棱脊，粉红色至红色。菌托直径 1.5 ～ 2.5 cm，近球形，外表白色至污白色。担孢子 4.0 ～ 4.5 μm × 1 ～ 2 μm，长椭圆形至杆形。

生　　境：生于林中地上或草地上。

分　　布：分布于我国大部分地区。

用　　途：有记载药用；有毒。

围篱状散尾鬼笔 *Lysurus periphragmoides*

学　　名：***Lysurus periphragmoides* (Klotzsch) Dring**, *Kew Bull.* 35(1): 70 (1980)

同物异名：= ***Simblum gracile* Berk.**, *London J. Bot.* 5: 535 (1846)

中文俗名：黄柄笼头菌。

分类地位：真菌界 Fungi，担子菌门 Basidiomycota，蘑菇纲 Agaricomycetes，鬼笔目 Phallales，鬼笔科 Phallaceae。

形态特征：菌蕾卵形至球形，白色，成熟时包被开裂伸出孢托。孢托直径 1 ～ 5 cm，近球形，具 20 ～ 30 个五边形至六边形的浅红色至橙色格孔，外表面具脊，边缘具褶皱，内表面平整至具微小的脊。菌柄长 5 ～ 12 cm，直径 1 ～ 3 cm，圆柱形，黄色，海绵质，空心，基部具白色菌托。孢体附着在孢托内表面，橄榄绿色，具恶臭气味。担孢子 4.5 ～ 5.0 μm × 1.8 ～ 3.0 μm，椭圆形至短杆形，光滑，近无色至带淡青绿色。

生　　境：生于林中地上。

分　　布：分布于我国华北、华中等地区。

黄脉鬼笔 *Phallus flavocostatus*

学　　名：***Phallus flavocostatus* Kreisel**, *Czech Mycol.* 48(4): 278 (1996)

同物异名：= ***Ithyphallus costatus* Penz.**, *Ann. Jard. Bot. Buitenzorg* 16: 147 (1899)

　　　　　= ***Phallus costatus* (Penz.) Lloyd**, *Synopsis of the known phalloids*(7): 10 (1909)

分类地位：真菌界 Fungi，担子菌门 Basidiomycota，蘑菇纲 Agaricomycetes，鬼笔目 Phallales，鬼笔科 Phallaceae。

形态特征：子实体高 7.5 ～ 10.0 cm，幼时包裹在白色卵圆形的包里，当开裂时菌柄伸长。菌盖呈钟形，有不规则突起的网纹，黄色至亮黄色，或呈橙黄色并具暗绿色孢液，有腥臭味。菌柄近圆筒形，白黄色至浅黄色，空心，呈海绵状。菌托高约 3 cm，白色，苞状，厚。担孢子 3.0 ～ 4.5 μm ×1.2 ～ 2.4 μm，长椭圆形，无色。

生　　境：夏秋季多群生于林中倒腐木上。

分　　布：分布于我国东北、华北等地区。

用　　途：可食。

白鬼笔 *Phallus impudicus*

学　　名：*Phallus impudicus* **L.**, *Sp. pl.* 2: 1178 (1753)

同物异名：≡ *Ithyphallus impudicus* **(L.) Fr.**, *Syst. mycol.* (Lundae) 2(2): 283 (1823)

　　　　　= *Kirchbaumia imperialis* **Schulzer**, *Verh. zool.-bot. Ges. Wien* 16: 798 (1866)

分类地位：真菌界 Fungi，担子菌门 Basidiomycota，蘑菇纲 Agaricomycetes，鬼笔目 Phallales，鬼笔科 Phallaceae。

形态特征：菌蕾幼时卵形，富有弹性，外包被白色，基部有白色至灰白色根状菌索。成熟后菌盖和菌柄逐渐伸出外包被，总长 10 ～ 20 cm，直径 3 ～ 5 cm。菌盖圆锥形，被橄榄色孢体，老后消失。菌柄长 10 ～ 15 cm，上部粉红色，向下颜色渐淡，有蜂窝状脉纹。担孢子 4 ～ 5 μm × 1.5 ～ 2.5 μm，椭圆形至长椭圆形，光滑，内部有 2 个油滴，带褐色。

生　　境：夏季散生于竹林、阔叶林或针阔混交林中地上，或草地上。

分　　布：分布于我国东北、华南、西北、华中、华北地区。

用　　途：食药兼用；可栽培。

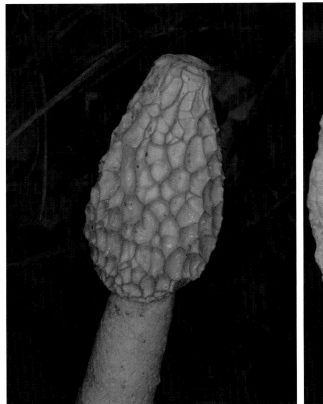

长裙鬼笔 *Phallus indusiatus*

学　　名：***Phallus indusiatus*** **Vent**., *Mém. Inst. nat. Sci. Arts* 1: 520 (1798)

同物异名：= ***Dictyophora duplicata*** **(Bosc) E. Fisch**., in Berlese, De Toni & Fischer, *Syll. fung.* (Abellini) 7(1): 6 (1888)

中文俗名：短裙竹荪。

分类地位：真菌界 Fungi，担子菌门 Basidiomycota，蘑菇纲 Agaricomycetes，鬼笔目 Phallales，鬼笔科 Phallaceae。

形态特征：菌蕾高 5～7 cm，直径 3～5 cm，卵形至近球形，污白色至土黄色，成熟后具菌盖、菌裙和菌柄，菌柄基部具根状菌索。菌盖钟形，高约 5 cm，直径可达 4 cm，顶端平。网格边缘白色至奶油色，其余部分绿褐色至绿黑色，呈黏液状，具恶臭味的孢体。菌裙网状，白色，长可达菌柄的 1/3。菌柄长可达 15 cm，基部直径 3 cm，圆柱形，白色，新鲜时海绵质，空心，干后纤维质。担孢子 3.0～3.9 μm × 1.5～1.8 μm，长椭圆形至短圆柱形，浅黄色，壁稍厚，光滑，非淀粉质，不嗜蓝。

生　　境：春夏季单生或聚生于阔叶林中地上。

分　　布：分布于我国大部分地区。

用　　途：食药兼用；可人工栽培。

红鬼笔 *Phallus rubicundus*

学　　名：***Phallus rubicundus*** (Bosc) Fr., Syst. mycol. (Lundae) 2(2): 284 (1823)

同物异名：≡ ***Satyrus rubicundus* Bosc**, *Mag. Gesell. naturf. Freunde, Berlin* 5: 86 (1811)

　　　　　≡ ***Ithyphallus rubicundus* (Bosc) E. Fisch**., in Berlese, De Toni & Fischer, *Syll. fung.* (Abellini) 7(1): 11 (1888)

分类地位：真菌界 Fungi，担子菌门 Basidiomycota，蘑菇纲 Agaricomycetes，鬼笔目 Phallales，鬼笔科 Phallaceae。

形态特征：菌蕾幼时椭圆形或蛋形，外包被白色至灰白色，基部有白色至灰白色根状菌索，成熟后菌盖和菌柄逐渐伸出外包被，总高 10 ～ 20 cm，直径 2 ～ 3 cm。菌盖高 1.5 ～ 4.0 cm，直径 1 ～ 2 cm，钟形至圆锥形，红色至橘红色，顶部成熟时有一穿孔，表面被橄榄色孢液，老后褐榄色黏性物质逐渐消失。孢体橄榄褐色。菌柄长 7 ～ 15 cm，直径 1 ～ 2.5 cm，圆柱形，上部红色、洋红色至粉红色，下部色变淡至白色至灰白色，海绵质，表面有蜂窝状脉纹。菌托直径 1.5 ～ 3.0 cm，近球形，污白色。担孢子 3.5 ～ 4.5 μm × 1.5 ～ 2.0 μm，椭圆形，近无色。

生　　境：夏季生于林缘、路边、庭院草地上，雨后成群出现。

分　　布：分布于我国华南、华中、华北等地区。

用　　途：药用；有毒。

多疣硬皮马勃 *Scleroderma verrucosum*

学　　名：***Scleroderma verrucosum* (Bull.) Pers.**, *Syn. meth. fung.* (Göttingen) 1: 154 (1801)

同物异名：≡ ***Lycoperdon verrucosum* Bull.**, *Hist. Champ. Fr.* (Paris) 1(1): 157 (1791)

　　　　　= ***Lycoperdon defossum*** sensu **Sowerby**; fide Checklist of Basidiomycota of Great Britain and Ireland (2005)

　　　　　= ***Scleroderma maculatum* (Peck) Lloyd**, *Mycol. Writ.* 6(Letter 65): 1058 (1920)

分类地位：真菌界 Fungi，担子菌门 Basidiomycota，蘑菇纲 Agaricomycetes，牛肝菌目 Boletales，硬皮马勃科 Sclerodermataceae。

形态特征：子实体直径 3～8 cm，球形至扁球形，下部缩成柄状基部。包被较薄（厚约 1 mm），土黄色至淡褐色，有深褐色小鳞片。孢体茶褐色，成熟后粉末状。担孢子直径 8～11 μm，球形至近球形，褐色至浅褐色，有小刺，无网纹。

生　　境：夏季生于林中地上。

分　　布：分布于我国大部分地区。

用　　途：幼时有人采食。

第八章

作物大型病原真菌

CHAPTER VIII
LARGER PATHOGENIC
FUNGI ON CROPS

梨胶锈菌 *Gymnosporangium asiaticum*

学　　名：***Gymnosporangium asiaticum* Miyabe ex G. Yamada**, *Shokubutse Byorigaku (Pl. Path) Tokyo Hakubunkwan* 37(9): 304 (1904)

同物异名：= ***Roestelia photiniae* Henn**., *Hedwigia* 33: 231 (1894)

分类地位：真菌界 Fungi，担子菌门 Basidiomycota，柄锈菌纲 Pucciniomycetes，柄锈菌目 Pucciniales，胶锈菌科 Gymnosporangiaceae。

形态特征：病原菌在桧柏上形成冬孢子角越冬，翌年春天冬孢子借风力传播到梨树等的嫩枝叶和幼果上，对其造成危害。夏天产生锈孢子再借风力传播到桧柏上。病斑初小圆形，黄色，后产生蜜黄色到黑色小粒点（性孢子器），性孢子器成熟后潮湿时分泌带性孢子的黏液，之后（常在叶背面）长出多根淡黄色的管状锈孢子角，成熟后散发锈孢子。冬孢子角一般长 2～5 mm。冬孢子 35～75 μm × 14～28 μm，椭圆形，黄褐色，有无色的柄，双胞，每细胞近分隔处具 2 个芽孔，有时顶部也有芽孔。冬孢子可萌发长出 4 胞的原菌丝，每细胞长 1 个担孢子。担孢子 10～15 μm × 8～9 μm，无色，单胞。性孢子器 8～12 μm × 3.0～3.5 μm，瓶状至葫芦形，埋生于作物表皮下。性孢子纺锤形，单胞，无色。锈孢子器长 5～6 mm，直径 0.2～0.5 mm，长筒形，常丛生于叶背面。锈孢子 18～20 μm × 19～24 μm，近球形，橙黄色，表面瘤状。

生　　境：寄生于柏树及梨树、海棠等植物上。

分　　布：分布于我国东北、华北、西北、华中等地区。

山田胶锈菌 *Gymnosporangium yamadae*

学　　名：***Gymnosporangium yamadae* Miyabe ex G. Yamada**, in Ômori & Yamada, *Shokubutse Byorigaku (Pl. Path) Tokyo Hakubunkwan* 379: 306 (1904)

同物异名：≡ ***Gymnosporangium yamadae* Miyabe**, *Shokubutsugaku Zasshi* (Bot. Mag.) Tokyo 17(no. 192): (34) (1902)

分类地位：真菌界 Fungi，担子菌门 Basidiomycota，柄锈菌纲 Pucciniomycetes，柄锈菌目 Pucciniales，胶锈菌科 Gymnosporangiaceae。

形态特征：病原菌主要侵害叶片、新树梢、幼果和果梗。叶表面病斑常呈圆形，中央橙黄色，有光泽，边缘淡黄色，有黄色晕圈，后在中央产生蜜黄色微突的小粒点（性孢子器），其后再在病斑背面隆起并长出 10 多根灰黄色的毛管状锈孢子器。锈孢子器长 5 ～ 12 mm，直径 0.2 ～ 0.5 mm，内有大量褐色锈孢子，成熟后从锈孢子器顶端开裂散出。果实上病斑初期与叶片症状相似，后期也可产生毛管状锈孢子器。锈孢子 18 ～ 28 μm × 16 ～ 26 μm，近球形，壁厚 1 ～ 3 μm，有小刺，具 4 ～ 7 个芽孔。

生　　境：寄生于苹果、海棠、梨和山楂等蔷薇科果树上。

分　　布：广泛分布于我国蔷薇科果树主栽区。

核盘菌 *Sclerotinia sclerotiorum*

学　　名：*Sclerotinia sclerotiorum* (Lib.) de Bary, *Vergl. Morph. Biol. Pilze* (Leipzig): 56 (1884)

同物异名： ≡ ***Peziza sclerotiorum* Lib.**, *Pl. crypt. Arduenna*, fasc. (Liège) 4(nos 301-400): no. 326 (1837)

分类地位： 真菌界 Fungi，子囊菌门 Ascomycota，锤舌菌纲 Leotiomycetes，柔膜菌目 Helotiales，核盘菌科 Sclerotiniaceae。

形态特征： 菌核 $1.0 \sim 6.5$ μm × $1.0 \sim 3.5$ mm，鼠粪状，初白色，后表面变黑色。菌核可萌发产生 $1 \sim 30$ 个浅褐色盘形或扁平状子囊盘。子囊盘直径 $3.5 \sim 5.0$ mm，初棕黄色至略带白色，成熟时暗红色或淡红褐色，可弹射出烟雾状子囊孢子。菌柄长 $5 \sim 15$ mm，有的可达 $6 \sim 7$ cm，刚伸出土面时乳白色或肉色，顶部逐渐展开呈杯形或盘形。子囊棍棒状，无色，具 8 个子囊孢子。子囊孢子 $10 \sim 15$ μm × $5 \sim 10$ μm，椭圆形，单胞，无色。

生　　境： 寄生于油菜、辣椒、向日葵等十字花科、菊科、茄科、葫芦科、豆科等多种作物上，导致产生菌核病，可侵染作物的根、茎、花、果等各部。也可生于土中。

分　　布： 全国各地均有分布。

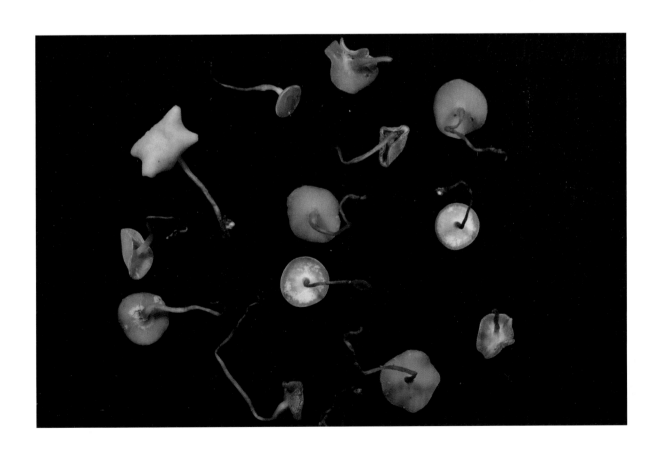

玉米黑粉菌 *Ustilago maydis*

学　　名：***Ustilago maydis* (DC.) Corda**, *Icon. fung.* (Prague) 5: 3 (1842)

同物异名：≡ ***Uredo maydis* DC.**, *Fl. franç.*, Edn 3 (Paris) 5/6: 77 (1815)

分类地位：真菌界 Fungi，担子菌门 Basidiomycota，黑粉菌纲 Ustilaginomycetes，黑粉菌目 Ustilaginales，黑粉菌科 Ustilaginaceae。

形态特征：子实体长可达 30 cm，宽可达 20 cm，高可达 15 cm，球形、半球形、椭圆形、纺锤形或不规则形，单生或数个聚生。子实层体初期乳白色，海绵质；后期灰白色，脆质，通常不规则开裂。冬孢子粉外漏，黑粉孢子 8 ～ 12 μm × 7.5 ～ 11.0 μm，近球形至球形，有时椭圆形或卵圆形，橄榄褐色，具微小刺，非淀粉质，不嗜蓝。

生　　境：秋季专性寄生于玉米属植物上。

分　　布：全国各地均有分布。

用　　途：食药兼用。

第九章

大型黏菌

CHAPTER IX
LARGER MYXOMYCETES

蛇形半网菌 *Hemitrichia serpula*

学　　名：***Hemitrichia serpula*** **(Scop.) Rostaf.**, *Vers. Syst. Mycetozoen* (Strassburg): 14 (1873)

同物异名：≡ ***Arcyria serpula*** **(Scop.) Massee**, *Monogr. Myxogastr.* (London): 164 (1892)

　　　　　≡ ***Hemiarcyria serpula*** **(Scop.) Rostaf.**, *Śluzowce monogr.* (Paryz): 266 (1875) [1874]

分类地位：变形虫界 Amoebozoa，变形虫门 Amoebozoa，黏菌纲 Myxogastrea，团毛菌目 Trichiida，团毛菌科 Trichiidae。

形态特征：联囊体常扩展成网状，可达数厘米宽，鲜黄色、锈色或褐色。囊被膜质，内表面有密条纹及稀疏长刺，透明，不规则纵向开裂。基质层不发达，黄褐色，孢丝成堆时金黄色。孢丝直径 5 ～ 8 μm，为一团黄色长线，分枝少，仅基部连着囊基。螺纹带 3 ～ 4 条，较规整，有长刺，最长可达 5 μm，散头少，末端钝圆，有长刺，淡黄色。孢子直径 10.0 ～ 14.3 μm，近球形，成堆时金黄色，光学显微镜下有稀疏网纹，浅黄色。原生质团先白色后黄色。

生　　境：群生于腐木上。

分　　布：全国各地均有分布。

小粉瘤菌 *Lycogala exiguum*

学　　名：***Lycogala exiguum* Morgan**, *J. Cincinnati Soc. Nat. Hist.* 15(3-4): 134 (1893)

同物异名：≡ ***Lycogala epidendrum* var. *exiguum* (Morgan) Torrend**, *Brotéria*, sér. bot. 7: 27 (1908)

分类地位：变形虫界 Amoebozoa，变形虫门 Amoebozoa，黏菌纲 Myxogastrea，无丝目 Liceida，假丝菌科 Reticulariidae。

形态特征：复囊体直径 0.5 ～ 10.0 mm，近球形，子实体幼时为深粉红色，成熟时颜色变暗，近于黑色。皮层黄褐色，有一层密疣状小鳞片，颜色暗，紫黑色或黑色，起初垫状，内容均一，以后变为扁平表面呈细网格状，从顶上开裂，不规则。假孢丝直径 2 ～ 10 μm，为无色或黄色的分枝管体，从皮层内侧伸出，基部常光滑，其余部分粗糙有横褶皱。孢子直径 4 ～ 6 μm，近球形，隐约有不完整的网纹或不规整的线条和疣点，有时近光滑，成堆时粉红赭青色，光学显微镜下近无色。

生　　境：散生或群生于死木上。

分　　布：全国各地均有分布。

线膜菌 *Reticularia lycoperdon*

学　　名：***Reticularia lycoperdon* Bull**., *Hist. Champ. Fr.* (Paris) 1(1): 95 (1791)

同物异名：≡ ***Fuligo lycoperdon* (Bull.) Schumach**., *Enum. pl.* (Kjbenhavn) 2: 193 (1803)

　　　　　≡ ***Enteridium lycoperdon* (Bull.) M.L. Farr**, *Taxon* 25: 514 (1976)

分类地位：变形虫界 Amoebozoa，变形虫门 Amoebozoa，黏菌纲 Myxogastrea，无丝目 Liceida，假丝菌科 Reticulariidae。

形态特征：复囊体宽 2～8 cm，有时可达 10 cm 以上，垫状或近球形，起初有一银色薄皮层，后变褐色。基质层白色，在子实体基部周围形成明显边缘。假孢丝从基部起为直立膜片状，树状分叉，有扩大片，最终分为扁平、弯曲的锈褐色线条。孢子直径6～10 μm，分散或结成松团，球形或陀螺形，约2/3 面上有网纹，成堆时锈褐色。原生质团乳白色。群生于死木上。

生　　境：散生或群生于死木上。

分　　布：分布于我国东北、华北和西北地区。

锈发网菌 *Stemonitis axifera*

学　　名：***Stemonitis axifera*** **(Bull.) T. Macbr.**, *N. Amer. Slime-Moulds* (New York): 120 (1889)

同物异名：≡ ***Trichia axifera* Bull.**, *Hist. Champ. Fr.* (Paris) 1(1): 118 (1791)

分类地位：变形虫界 Amoebozoa，变形虫门 Amoebozoa，黏菌纲 Myxogastrea，发网菌目 Stemonitida，发网菌科 Stemonitidae。

形态特征：孢囊总高 7～20 mm，丛生成小簇到中簇，偶尔成大片，着生在共同的基质层上，长圆柱形，顶端稍尖，鲜锈褐色。菌柄高 3～7 mm，黑色有光泽。囊轴向上渐细，在囊顶下分散。孢丝褐色，分枝并联结成中等密度的网体。网细密，网孔多角形，宽 5～20 μm，光滑平整，浅色，持久。孢子直径 4.0～7.5 μm，球形或近球形，有微小疣点，成堆时锈褐色至红褐色，显微镜下淡锈褐色。

生　　境：散生或群生于死木上。

分　　布：全国各地均有分布。

第十章 |
大型菌物资源分析

CHAPTER X
RESOURCE ANALYSIS OF
MACROFUNGI

黄龙山褐马鸡国家级自然保护区大型菌物资源分析

大型菌物，是指肉眼能看得见、手摸得着的菌物。在连续 2 年的野外高强度采集中，采集大型菌物标本数百余号、图片 1000 多张，通过形态学和分子生物学技术手段鉴定大型菌物共 205 种，隶属于 2 界 3 门 9 纲 25 目 76 科 137 属，其中大型子囊菌 22 种，胶质菌 7 种，珊瑚菌 5 种，多孔菌、齿菌及革菌 49 种，伞菌 92 种，牛肝菌 7 种，腹菌 15 种，作物大型病原真菌 4 种，大型黏菌 4 种；其中，中国新记录种 7 种（红环丝膜菌 Cortinarius rubrocinctus、毛鳞囊皮菇 Cystoagaricus hirtosquamulosus、瓦西里白环蘑 Leucoagaricus vassiljevae、褐盘光柄菇 Pluteus brunneidiscus、亮黄褐柄杯菌 Podoscypha fulvonitens、葡地钝齿壳菌 Radulomyces paumanokensis、天蓝球盖菇 Stropharia caerulea）。黄龙山大型菌物的优势科为多孔菌科 Polyporaceae（21 种）、蘑菇科 Agaricaceae（11 种）、口蘑科 Tricholomataceae（11 种）；优势属为小菇属 Mycena（6 种）、蘑菇属 Agaricus（5 种）、靴耳属 Crepidotus（5 种）、栓菌属 Trametes（5 种）。就用途而言，黄龙山大型菌物共包含食药用菌（食用、药用、食药兼用）104 种，占全部鉴定菌物的 50.73%；毒蘑菇 37 种，占比 18.05%；用途不明菌物 83 种，占比 40.49%。就生长类型而言，包含木腐（木生）菌 102 种，占全部鉴定菌物种的 49.76%；土生菌 88 种，占比 42.93%；木生或土生菌 10 种，占比 4.88%；其余寄生、虫生、寄生或土生菌 5 种，占比 2.43%。

根据李玉等著《中国大型菌物资源图鉴》中关于大型菌物区系划分，全国菌物根据地理气候、植被特征共分为 7 大区系，即东北区系、华北区系、华中区系、华南区系、内蒙区系、西北区系、青藏区系。黄龙山大型菌物资源 7 个区系物种均有发现，其中华北区系最多，发现的相对频次为 22.33%，其次是东北区系（16.34%）、华中区系（15.58%）、西北区系（12.75%）、华南区系（12.20%），青藏区系（11.00%）和内蒙古区系（9.80%）物种分布最少。

从属的世界地理区系上看，可初步划分为以下几类：（1）世界广泛分布属，是指广泛分布于我国世界各大洲，没有特殊分布中心的属，在黄龙山有 76 属，占比 55.47%；（2）北温带分布属，是指分布中心位于北半球温带地区，少数可达到南半球温带地区，但分布中心仍在北半球的属，在黄龙山有 35 属，占比 25.55%；（3）热带 - 亚热带分布属，是指分布于我国东西两半球的热带，有时可以到达亚热带至温带，但分布中心仍在热带的属，在黄龙山有 9 属（假花耳属 Dacryopinax、粉褶菌属 Entoloma、灵芝属 Ganoderma、刺革菌属 Hymenochaete、香菇属 Lentinus、散尾鬼笔属 Lysurus、新棱孔菌属 Neofavolus、柄杯菌属 Podoscypha、半胶菌属 Vitreoporus），占比 6.57%；（4）热带分布属，是指只分布于我国东西两半球的热带地区的属，在黄龙山只有 1 属（趋木齿菌属 Xylodon），占比 0.73%；（5）中国特有属，是指只分布于我国地区的属，在黄龙山只有 1 属（臧式牛肝菌属 Zangia），占比 0.73%。其余 15 属为近些年新发表的分类单元或因数据不足，其世界地理区系仍属未知，需要进行更深入的研究。

根据《中国生物多样性红色名录—大型真菌卷》，黄龙山大型菌物包含易危（VU）物种 1 种（猴头菌 Hericium erinaceus）、近危（NT）物种 3 种（密枝瑚菌 Ramaria stricta、杯密瑚菌 Artomyces pyxidatus、树舌灵芝 Ganoderma applanatum）、无危（LC）物种 142 种、数据不足（DD）

物种 34 种，未予评估（NE）物种 25 种，无灭绝（EX）物种和野外灭绝（EW）物种。

　　黄龙山国家自然保护区是我国黄土高原北部一颗璀璨的明珠，地处我国干旱和半干旱地区、黄土高原向陕北毛乌素沙漠过渡地带，生物多样性极其丰富，生态功能极其重要。大型菌物在促进地化循环、维系黄龙山生态功能方面发挥着重要作用；同时，调查发现黄龙山有许多大型菌物是著名的山珍美味，如角质木耳（毛木耳）*Auricularia cornea*、细木耳（黑木耳）*Auricularia heimuer*、金孢花耳 *Dacrymyces chrysospermus*、亚牛排菌 *Fistulina subhepatica*、松乳菇 *Lactarius deliciosus*、红汁乳菇 *Lactarius hatsudake*、糙皮侧耳（平菇）*Pleurotus ostreatus*、肺形侧耳 *Pleurotus pulmonarius*、冬菇（金针菇）*Flammulina filiformis*、蜜环菌 *Armillaria mellea*、大把子杯桩菇（松针菇）*Clitopaxillus dabazi*、羊肚菌 *Morchella esculenta*、小羊肚菌 *Morchella deliciosa* 等，但当地老百姓只采食大把子杯桩菇 *Clitopaxillus dabazi* 这一种食用菌，因此，当地的食用菌市场还有待进一步开发；在开发食用菌产业过程中，需要注意有些食用菌其实为"有条件食用菌"，在子实体幼嫩时可食而老时有毒，如毛头鬼伞（鸡腿菇）*Coprinus comatus*、墨汁拟鬼伞 *Coprinopsis atramentaria* 等，或可能因加工方式或因地、因人、因量而出现或不出现不良症状，如褐环乳牛肝菌 *Suillus luteus*、皱马鞍菌 *Helvella crispa* 等。此外，也有许多大型菌物具有重要的药用价值，如树舌灵芝 *Ganoderma applanatum*、猴头菌 *Hericium erinaceus*、乳白耙菌 *Irpex lacteus*、刺槐万德孔菌（槐耳）*Vanderbylia robiniophila*、裂褶菌 *Schizophyllum commune*、新棱孔菌（桑多孔菌）*Neofavolus alveolaris*、鳞蜡孔菌（宽鳞多孔菌）*Cerioporus squamosus* 等。加强这些大型菌物的保护、开发和利用，是提高山区居民经济收入的有效手段，也是实现乡村振兴的重要举措，更是实现绿水青山就是金山银山的有力保障。

附录　黄龙山褐马鸡国家级自然保护区大型菌物资源名录

序号	中文学名	拉丁学名	评估等级	区系分布	生境	用途	属		地理区划（属）
1	小孢绿杯盘菌	*Chlorociboria aeruginascens*	LC	广布	木生		*Chlorociboria*	绿杯盘菌属	世界广布成分
2	紫色囊盾菌	*Ascocoryne cylichnium*	LC	东北、华北	木生		*Ascocoryne*	紫胶盘菌属	北温带成分
3	毛柄膜盘菌	*Hymenoscyphus lasiopodius*	NE	华北、华中、华南	土生		*Hymenoscyphus*	膜盘菌属	世界广布成分
4	灰软盘菌	*Mollisia cinerea*	NE	华中、华北	木生		*Mollisia*	软盘菌属	世界广布成分
5	核盘菌	*Sclerotinia sclerotiorum*	LC	广布	寄生或土生		*Sclerotinia*	核盘菌属	未知
6	润滑锤舌菌	*Leotia lubrica*	LC	东北、华中、华北	土生		*Leotia*	锤舌菌属	北温带成分
7	平盘菌	*Discina ancilis*	LC	青藏、华中、华北	木生	毒蘑菇	*Discina*	平盘菌属	未知
8	皱马鞍菌	*Helvella crispa*	LC	广布	土生	食用；毒蘑菇	*Helvella*	马鞍菌属	北温带成分
9	弹性马鞍菌	*Helvella elastica*	LC	广布	土生	食用；毒蘑菇	*Helvella*	马鞍菌属	北温带成分
10	小羊肚菌	*Morchella deliciosa*	LC	华北、西北、华中、青藏	土生	食药兼用	*Morchella*	羊肚菌属	北温带成分
11	羊肚菌	*Morchella esculenta*	LC	广布	土生	食药兼用	*Morchella*	羊肚菌属	北温带成分
12	波地钟菌	*Verpa bohemica*	LC	东北、华中、华北	土生	食用；毒蘑菇	*Verpa*	钟菌属	未知
13	半球土盘菌	*Humaria hemisphaerica*	LC	广布	土生		*Humaria*	土盘菌属	北温带成分
14	红毛盾盘菌	*Scutellinia scutellata*	LC	广布	木生		*Scutellinia*	盾盘菌属	北温带成分
15	地疣杯菌	*Tarzetta catinus*	LC	广布	土生	食用	*Tarzetta*	疣杯菌属	世界广布成分
16	爪哇陀胶盘菌	*Trichaleurina javanica*	NE	华南、华北	木生	毒蘑菇	*Trichaleurina*	陀胶盘菌属	北温带成分
17	皱红盘菌	*Plectania rhytidia*	DD	华中、华北	木生		*Plectania*	红盘菌属	北温带成分
18	小红肉杯菌	*Sarcoscypha occidentalis*	LC	西北、华北、华中、东北	木生		*Sarcoscypha*	肉杯菌属	北温带成分
19	蛹蛾虫草	*Cordyceps polyarthra*	NE	华北、华中、华南	虫生		*Cordyceps*	虫草属	世界广布成分
20	黑轮层炭壳	*Daldinia concentrica*	LC	广布	木生	毒蘑菇	*Daldinia*	轮层炭壳属	世界广布成分

续表

序号	中文学名	拉丁学名	评估等级	区系分布	生境	用途	属	属	地理区划（属）
21	短小炭角菌	*Xylaria curta*	DD	华中、华北	木生		*Xylaria*	炭角菌属	世界广布成分
22	团炭角菌	*Xylaria hypoxylon*	LC	广布	木生		*Xylaria*	炭角菌属	世界广布成分
23	多形炭角菌	*Xylaria polymorpha*	LC	广布	木生		*Xylaria*	炭角菌属	世界广布成分
24	大紫蘑菇	*Agaricus augustus*	LC	东北、华北、西北、青藏	土生	食用	*Agaricus*	蘑菇属	世界广布成分
25	布莱萨蘑菇	*Agaricus bresadolanus*	LC	华北	土生	食用	*Agaricus*	蘑菇属	世界广布成分
26	白林地蘑菇	*Agaricus sylvicola*	LC	东北、华北、西北、华中	土生	食用	*Agaricus*	蘑菇属	世界广布成分
27	淡茶色蘑菇	*Agaricus urinascens*	DD	东北、华北、西北、华中	土生	食用	*Agaricus*	蘑菇属	世界广布成分
28	黄斑蘑菇	*Agaricus xanthodermus*	LC	华北、西北、青藏	土生	毒蘑菇	*Agaricus*	蘑菇属	世界广布成分
29	半裸囊小伞	*Cystolepiota seminuda*	LC	广布	土生		*Cystolepiota*	囊小伞属	世界广布成分
30	红鳞囊小伞	*Cystolepiota squamulosa*	DD	东北、内蒙古、华北	土生		*Cystolepiota*	囊小伞属	世界广布成分
31	灰鳞环柄菇	*Echinoderma asperum*	LC	东北、西北、华中、华南、青藏	土生	毒蘑菇	*Echinoderma*	鳞环柄菇属	北温带成分
32	盾形环柄菇	*Lepiota clypeolaria*	LC	广布	土生	毒蘑菇	*Lepiota*	环柄菇属	世界广布成分
33	冠状环柄菇	*Lepiota cristata*	LC	广布	土生	毒蘑菇	*Lepiota*	环柄菇属	世界广布成分
34	瓦西里白环蘑	*Leucoagaricus vassiljevae*	NE*	华北	土生		*Leucoagaricus*	白环蘑属	世界广布成分
35	拟帽鹅膏	*Amanita calyptratoides*	DD	华北	土生		*Amanita*	鹅膏属	世界广布成分
36	芥黄鹅膏	*Amanita subjunquillea*	LC	广布	土生	毒蘑菇	*Amanita*	鹅膏属	世界广布成分
37	残托鹅膏	*Amanita sychnopyramis*	LC	华中、华南	土生	毒蘑菇	*Amanita*	鹅膏属	世界广布成分
38	梭形拟锁瑚菌	*Clavulinopsis fusiformis*	LC	华中、华南、华北	土生	食用	*Clavulinopsis*	拟锁瑚菌属	世界广布成分
39	黄棕丝膜菌	*Cortinarius cinnamomeus*	LC	东北、华北、西北、青藏	土生	食用；毒蘑菇	*Cortinarius*	丝膜菌属	北温带成分
40	半毛盖丝膜菌	*Cortinarius hemitrichus*	LC	东北、华北、西北、青藏	土生	食用；毒蘑菇	*Cortinarius*	丝膜菌属	北温带成分
41	红环丝膜菌	*Cortinarius rubrocinctus*	NE*	华北	土生		*Cortinarius*	丝膜菌属	北温带成分
42	平盖靴耳	*Crepidotus applanatus*	LC	东北、华北	木生		*Crepidotus*	靴耳属	世界广布成分

续表

序号	中文学名	拉丁学名	评估等级	区系分布	生境	用途	属		地理区划（属）
43	球孢靴耳	Crepidotus cesatii	DD	华北、华南	木生		Crepidotus	靴耳属	世界广布成分
44	铬黄靴耳	Crepidotus crocophyllus	DD	东北、华北、青藏	木生		Crepidotus	靴耳属	世界广布成分
45	软靴耳	Crepidotus mollis	LC	广布	木生	食用	Crepidotus	靴耳属	世界广布成分
46	硫色靴耳	Crepidotus sulphurinus	LC	华北、华中、华南	木生		Crepidotus	靴耳属	世界广布成分
47	东方灰红褶菌	Clitocella orientalis	NE	华中、西北	木生或土生		Clitocella	灰红褶菌属	北温带成分
48	晶盖粉褶菌	Entoloma clypeatum	LC	东北、华北、华中、青藏	土生	食用；毒蘑菇	Entoloma	粉褶菌属	热带－亚热带成分
49	漆亮蜡蘑	Laccaria laccata	LC	广布	土生	食用	Laccaria	蜡蘑属	世界广布成分
50	蓝紫褶菇	Chromosera cyanophylla	LC	东北、华北	木生	毒蘑菇	Chromosera	褶菇属	未知
51	湿果伞	Gliophorus psittacinus	LC	东北、华北	木生	毒蘑菇	Gliophorus	湿果伞属	北温带成分
52	朱红湿伞	Hygrocybe miniata	LC	东北、华北、华中、华南	土生	食用	Hygrocybe	湿伞属	世界广布成分
53	纹缘盔孢伞	Galerina marginata	LC	青藏、华南、华中、华北	木生	毒蘑菇	Galerina	盔孢伞属	世界广布成分
54	三域盔孢伞	Galerina triscopa	DD	东北、华北	木生		Galerina	盔孢伞属	世界广布成分
55	土味丝盖伞	Inocybe geophylla	LC	东北、内蒙古、青藏、华北、西北	土生	毒蘑菇	Inocybe	丝盖伞属	北温带成分
56	梨形马勃	Apioperdon pyriforme	DD	广布	木生或土生	食药兼用	Apioperdon	梨形马勃属	北温带成分
57	栗粒皮秃马勃	Calvatia boninensis	LC	东北、华北、华南	土生	食用	Calvatia	秃马勃属	世界广布成分
58	大秃马勃	Calvatia gigantea	LC	广布	土生	食药兼用	Calvatia	秃马勃属	世界广布成分
59	长刺马勃	Lycoperdon echinatum	LC	华中、华北	土生	药用	Lycoperdon	马勃属	世界广布成分
60	网纹马勃	Lycoperdon perlatum	LC	广布	木生或土生	食药兼用	Lycoperdon	马勃属	世界广布成分

续表

序号	中文学名	拉丁学名	评估等级	区系分布	生境	用途	属	属	地理区划（属）
61	褐色马勃	Lycoperdon umbrinum	LC	广布	木生或土生	药用	马勃属	Lycoperdon	世界广布成分
62	群生拟金钱伞	Collybiopsis confluens	LC	广布	土生	食用	拟金钱伞属	Collybiopsis	未知
63	伯特路小皮伞	Marasmius berteroi	LC	华南、华北	土生		小皮伞属	Marasmius	世界广布成分
64	红顶小菇	Mycena acicula	LC	东北、华北	土生		小菇属	Mycena	世界广布成分
65	纤柄小菇	Mycena filopes	DD	华南、华中、华北、内蒙古、东北	土生		小菇属	Mycena	世界广布成分
66	蓝小菇	Mycena galericulata	LC	东北、华北、内蒙古、华中	木生	食用	小菇属	Mycena	世界广布成分
67	血红小菇	Mycena haematopus	LC	东北、华北、华中	木生	食用	小菇属	Mycena	世界广布成分
68	皮尔森小菇	Mycena pearsoniana	NE	东北、华北、青藏	土生		小菇属	Mycena	世界广布成分
69	洁小菇	Mycena pura	LC	东北、内蒙古、华北、西北、青藏	土生	食用；毒蘑菇	小菇属	Mycena	世界广布成分
70	止血扇菇	Panellus stipticus	LC	广布	木生	药用；毒蘑菇	扇菇属	Panellus	世界广布成分
71	密褶裸柄伞	Gymnopus densilamellatus	NE	华北、华中	土生		裸柄菌属	Gymnopus	世界广布成分
72	纯白微皮伞	Marasmiellus candidus	LC	华南、华中、华北	木生		微皮伞属	Marasmiellus	世界广布成分
73	黄毛拟侧耳	Phyllotopsis nidulans	LC	东北、华北、西北、华中、华南	木生	食用	拟侧耳属	Phyllotopsis	北温带成分
74	黄小蜜环菌	Armillaria cepistipes	DD	华北、华中、青藏	木生或土生	食用	蜜环菌属	Armillaria	世界广布成分
75	蜜环菌	Armillaria mellea	DD	广布	木生	食用	蜜环菌属	Armillaria	世界广布成分
76	冬菇	Flammulina filiformis	LC	广布	木生	食用	冬菇属	Flammulina	北温带成分
77	糙皮侧耳	Pleurotus ostreatus	DD	广布	木生	食药兼用	侧耳属	Pleurotus	世界广布成分
78	肺形侧耳	Pleurotus pulmonarius	LC	东北、华北、华中、华南	木生	食药兼用	侧耳属	Pleurotus	世界广布成分
79	褐盘光柄菇	Pluteus brunneidiscus	NE*	华北	木生或土生		光柄菇属	Pluteus	世界广布成分

续表

序号	中文学名	拉丁学名	评估等级	区系分布	生境	用途	属	地理区划（属）
80	粒盖光柄菇	Pluteus granularis	DD	华中、华北	木生		Pluteus 光柄菇属	世界广布成分
81	白光柄菇	Pluteus pellitus	LC	东北、西北、华北、华南	木生	食用	Pluteus 光柄菇属	世界广布成分
82	黏盖草菇	Volvopluteus gloiocephalus	LC	东北、华北、华中、华南、西北	土生	食用；毒蘑菇	Volvopluteus 草菇属	世界广布成分
83	白树皮伞	Phloeomana alba	DD	华北	木生		Phloeomana 皮伞属	未知
84	白小鬼伞	Coprinellus disseminatus	LC	广布	木生或土生	毒蘑菇	Coprinellus 小鬼伞属	世界广布成分
85	晶粒小鬼伞	Coprinellus micaceus	LC	广布	土生	毒蘑菇	Coprinellus 小鬼伞属	世界广布成分
86	辐毛小鬼伞	Coprinellus radians	LC	东北、华北、西北	木生		Coprinellus 小鬼伞属	世界广布成分
87	墨汁拟鬼伞	Coprinopsis atramentaria	LC	广布	土生	食用；毒蘑菇	Coprinopsis 拟鬼伞属	世界广布成分
88	毛头鬼伞	Coprinus comatus	LC	东北、华北、华中	土生	食用；毒蘑菇	Coprinus 鬼伞属	世界广布成分
89	毛鳞囊皮菇	Cystoagaricus hirtosquamulosus	NE*	华北	木生		Cystoagaricus 囊皮菇属	未知
90	泪褶毡毛脆柄菇	Lacrymaria lacrymabunda	LC	东北、华北	土生	食用；毒蘑菇	Lacrymaria 毡毛脆柄菇属	世界广布成分
91	大把子杯桩菇	Clitopaxillus dabazi	NE	华北	土生	食用	Clitopaxillus 杯桩菇属	北温带成分
92	葡地钝齿壳菌	Radulomyces paumanokensis	NE*	华北	木生		Radulomyces 钝齿壳菌属	世界广布成分
93	裂褶菌	Schizophyllum commune	LC	广布	木生	食药兼用	Schizophyllum 裂褶菌属	世界广布成分
94	田头菇	Agrocybe praecox	LC	广布	土生	食用	Agrocybe 田头菇属	世界广布成分
95	多脂鳞伞	Pholiota adiposa	LC	广布	木生	食药兼用	Pholiota 鳞伞属	北温带成分
96	金毛鳞伞	Pholiota aurivella	LC	东北、华北、华中	木生	食用；毒蘑菇	Pholiota 鳞伞属	北温带成分
97	柠檬鳞伞	Pholiota limonella	DD	东北、华北	木生	食用	Pholiota 鳞伞属	北温带成分
98	铜绿球盖菇	Stropharia aeruginosa	LC	广布	土生	食用；毒蘑菇	Stropharia 球盖菇属	世界广布成分
99	天蓝球盖菇	Stropharia caerulea	NE*	华北	土生		Stropharia 球盖菇属	世界广布成分

续表

序号	中文学名	拉丁学名	评估等级	区系分布	生境	用途	属	属	地理区划（属）
100	木生球盖菇	*Stropharia lignicola*	NE	华中、华北	木生或土生		*Stropharia*	球盖菇属	世界广布成分
101	落叶杯伞	*Clitocybe phyllophila*	LC	东北、华北、内蒙古、华南	土生	毒蘑菇	*Clitocybe*	杯伞属	世界广布成分
102	深凹漏斗伞	*Infundibulicybe gibba*	LC	东北、华北、西北、青藏、内蒙古	土生	食用；毒蘑菇	*Infundibulicybe*	漏斗伞属	北温带成分
103	肉色香蘑	*Lepista irina*	LC	东北、内蒙古、华北、西北、青藏	土生	食用；毒蘑菇	*Lepista*	香蘑属	世界广布成分
104	裸香蘑	*Lepista nuda*	LC	东北、西北、华北、内蒙古	土生	食用	*Lepista*	香蘑属	世界广布成分
105	林缘香蘑	*Lepista panaeolus*	DD	华北	土生	食用	*Lepista*	香蘑属	世界广布成分
106	带盾香蘑	*Lepista personata*	LC	东北、内蒙古、华北、西北	土生	食药兼用	*Lepista*	香蘑属	世界广布成分
107	棕灰铦囊蘑	*Melanoleuca cinereifolia*	NE	东北、华北	土生		*Melanoleuca*	铦囊蘑属	世界广布成分
108	栎铦囊蘑	*Melanoleuca dryophila*	NE	内蒙古、华北	土生		*Melanoleuca*	铦囊蘑属	世界广布成分
109	菱垂白类香蘑	*Paralepista flaccida*	LC	东北、华北、西北、青藏	土生	食用	*Paralepista*	类香蘑属	北温带成分
110	白漏斗辛格杯伞	*Singerocybe alboinfundibuliformis*	DD	华中、华北	土生		*Singerocybe*	辛格杯伞属	世界广布成分
111	棕灰口蘑	*Tricholoma terreum*	LC	广布	土生	食用	*Tricholoma*	口蘑属	世界广布成分
112	炭生厚壁孢伞	*Pachylepyrium carbonicola*	DD	华北、华中、华南	木生或土生		*Pachylepyrium*	厚壁孢伞属	未知
113	角质木耳	*Auricularia cornea*	LC	广布	木生	食药兼用	*Auricularia*	木耳属	世界广布成分
114	细木耳	*Auricularia heimuer*	LC	广布	木生	食用	*Auricularia*	木耳属	世界广布成分
115	葡萄状黑耳	*Exidia uvapassa*	DD	华北、东北、内蒙古、青藏	木生	食用	*Exidia*	黑耳属	世界广布成分

续表

序号	中文学名	拉丁学名	评估等级	区系分布	生境	用途	属		地理区划（属）
116	非美味美牛肝菌	Caloboletus inedulis	DD	华南、华北	土生		Caloboletus	美牛肝菌属	世界广布成分
117	毡盖美牛肝菌	Caloboletus panniformis	DD	广布	土生		Caloboletus	美牛肝菌属	世界广布成分
118	半裸松塔牛肝菌	Strobilomyces seminudus	LC	华北、华中、华南	土生		Strobilomyces	松塔牛肝菌属	世界广布成分
119	红小绒盖牛肝菌	Xerocomellus chrysenteron	DD	东北、华北、华南	土生	食用	Xerocomellus	亚绒盖牛肝菌属	北温带成分
120	血红臧式牛肝菌	Zangia erythrocephala	DD	华北、华中、青藏	土生		Zangia	臧式牛肝菌属	中国特有成分
121	柔软白圆柱菌	Leucogyrophana mollusca	DD	华北	木生		Leucogyrophana	圆柱菌属	未知
122	多疣硬皮马勃	Scleroderma verrucosum	LC	广布	土生	食用	Scleroderma	硬皮马勃属	世界广布成分
123	褐环乳牛肝菌	Suillus luteus	LC	广布	土生	食用；毒蘑菇	Suillus	乳牛肝菌属	北温带成分
124	灰乳牛肝菌	Suillus viscidus	LC	东北、华北	土生	食用	Suillus	乳牛肝菌属	北温带成分
125	耳状小塔氏菌	Tapinella panuoides	LC	东北、华北、华南	木生	毒蘑菇	Tapinella	小塔氏菌属	世界广布成分
126	粗环点革菌	Punctularia strigosozonata	LC	东北、华中、华南	木生		Punctularia	总革菌属	未知
127	袋形地星	Geastrum saccatum	LC	广布	土生	药用	Geastrum	地星属	世界广布成分
128	尖顶地星	Geastrum triple	LC	华北、西北、内蒙古、华中	土生	药用	Geastrum	地星属	世界广布成分
129	篱边粘褐菌	Gloeophyllum sepiarium	LC	华北、华中、青藏、西北	木生		Gloeophyllum	褐褶菌属	世界广布成分
130	浅杯状新香菇	Neolentinus cyathiformis	LC	西北、华中、华南	木生	食用	Neolentinus	新香菇属	世界广布成分
131	冷杉暗锁瑚菌	Phaeoclavulina abietina	LC	东北、西北、内蒙古	土生	食用	Phaeoclavulina	暗锁瑚菌属	世界广布成分
132	密枝瑚菌	Ramaria stricta	NT	东北、华北、青藏	木生	食用	Ramaria	枝瑚菌属	世界广布成分
133	辐裂毛孔菌	Hydnoporia tabacina	LC	东北、华北、华中、青藏、西北	木生		Hydnoporia	毛孔菌属	未知

续表

序号	中文学名	拉丁学名	评估等级	区系分布	生境	用途	属	属	地理区划（属）
134	帽状刺革菌	*Hymenochaete xerantica*	DD	广布	木生		刺革菌属	*Hymenochaete*	热带 – 亚热带成分
135	缠结拟刺革菌	*Hymenochaetopsis intricata*	DD	青藏、西北、华北、东北	木生		拟刺革菌属	*Hymenochaetopsis*	未知
136	苹果木层孔菌	*Phellinus pomaceus*	LC	东北、华北、华中、西北、青藏	木生	药用	木层孔菌属	*Phellinus*	世界广布成分
137	二形附毛菌	*Trichaptum biforme*	LC	广布	木生	药用	附毛菌属	*Trichaptum*	世界广布成分
138	浅黄趋木齿菌	*Xylodon flaviporus*	DD	广布	木生		趋木齿菌属	*Xylodon*	热带成分
139	五棱散尾鬼笔	*Lysurus mokusin*	LC	广布	土生	药用；毒蘑菇	散尾鬼笔属	*Lysurus*	热带 – 亚热带成分
140	围篱状散尾鬼笔	*Lysurus periphragmoides*	DD	华北、华中	土生		散尾鬼笔属	*Lysurus*	热带 – 亚热带成分
141	黄脉鬼笔	*Phallus flavocostatus*	LC	东北、华北	木生或土生	食用	鬼笔属	*Phallus*	世界广布成分
142	白鬼笔	*Phallus impudicus*	LC	东北、华南、内蒙古、西北、华中、华北	土生	食药兼用	鬼笔属	*Phallus*	世界广布成分
143	长裙鬼笔	*Phallus indusiatus*	LC	广布	土生	食药兼用	鬼笔属	*Phallus*	世界广布成分
144	红鬼笔	*Phallus rubicundus*	LC	华南、华中、华北	土生	药用；毒蘑菇	鬼笔属	*Phallus*	世界广布成分
145	亚牛排菌	*Fistulina subhepatica*	LC	华北、华中、华南	木生	食药兼用	牛排菌属	*Fistulina*	北温带成分
146	小褐薄孔菌	*Brunneoporus malicola*	LC	广布	木生		褐薄孔菌属	*Brunneoporus*	世界广布成分
147	肉色迷孔菌	*Daedalea dickinsii*	LC	东北、华北、华中、西北	木生	药用	迷孔菌属	*Daedalea*	世界广布成分
148	桦拟层孔菌	*Fomitopsis betulina*	LC	东北、华北、西北、内蒙古、青藏	木生	药用	拟层孔菌属	*Fomitopsis*	世界广布成分
149	芳香薄皮孔菌	*Ischnoderma benzoinum*	LC	东北、华北	木生	药用	薄皮孔菌属	*Ischnoderma*	北温带成分
150	贝叶奇果菌	*Grifola frondosa*	DD	东北、华北	木生	食药兼用	奇果菌属	*Grifola*	北温带成分
151	多变丝皮革菌	*Mutatoderma mutatum*	LC	东北、华北、华中、华南	木生		丝皮革菌属	*Mutatoderma*	未知

续表

序号	中文学名	拉丁学名	评估等级	区系分布	生境	用途	属		地理区划（属）
152	乳白耙菌	Irpex lacteus	LC	广布	木生	药用	Irpex	耙菌属	世界广布成分
153	齿贝拟栓菌	Trametopsis cervina	LC	东北、华北、华中、华南、西北	木生		Trametopsis	拟栓菌属	北温带成分
154	二色半胶菌	Vitreoporus dichrous	LC	广布	木生		Vitreoporus	半胶菌属	热带－亚热带成分
155	优美小肉齿菌	Sarcodontia delectans	LC	东北、华北、西北、华中	木生		Sarcodontia	小肉齿菌属	北温带成分
156	皮拉特拟射脉菌	Phlebiopsis pilatii	LC	华北	木生		Phlebiopsis	拟射脉菌属	未知
157	亮黄褐柄杯菌	Podoscypha fulvonitens	NE*	华北	木生		Podoscypha	柄杯菌属	热带－亚热带成分
158	柔蜡孔菌	Cerioporus mollis	LC	东北、华北、西北、华中	木生		Cerioporus	蜡孔菌属	世界广布成分
159	鳞蜡孔菌	Cerioporus squamosus	LC	东北、华北、华中、西北	木生	食药兼用	Cerioporus	蜡孔菌属	世界广布成分
160	粗糙拟迷孔菌	Daedaleopsis confragosa	LC	广布	木生		Daedaleopsis	拟迷孔菌属	世界广布成分
161	中国拟迷孔菌	Daedaleopsis sinensis	LC	东北、华北	木生		Daedaleopsis	拟迷孔菌属	世界广布成分
162	三色拟迷孔菌	Daedaleopsis tricolor	LC	广布	木生	药用	Daedaleopsis	拟迷孔菌属	世界广布成分
163	木蹄层孔菌	Fomes fomentarius	LC	东北、华北、华中、青藏、内蒙古、西北	木生	药用	Fomes	层孔菌属	北温带成分
164	树舌灵芝	Ganoderma applanatum	NT	东北、华北、华中、内蒙古、西北	木生	药用	Ganoderma	灵芝属	热带－亚热带成分
165	有柄灵芝	Ganoderma gibbosum	LC	华南、华北	木生		Ganoderma	灵芝属	热带－亚热带成分
166	漏斗香菇	Lentinus arcularius	DD	广布	木生	药用	Lentinus	香菇属	热带－亚热带成分
167	冬生香菇	Lentinus brumalis	LC	东北、华北、华中、西北、青藏	木生		Lentinus	香菇属	热带－亚热带成分
168	桦革褶菌	Lenzites betulinus	LC	广布	木生	药用	Lenzites	革褶菌属	世界广布成分

序号	中文学名	拉丁学名	评估等级	区系分布	生境	用途	属	属	地理区划（属）
169	新棱孔菌	*Neofavolus alveolaris*	LC	广布	木生	药用	*Neofavolus*	新棱孔菌属	热带－亚热带成分
170	网柄多孔菌	*Polyporus dictyopus*	LC	华南、华北	木生		*Polyporus*	多孔菌属	世界广布成分
171	朱红密孔菌	*Pycnoporus cinnabarinus*	LC	东北、内蒙古、华北、华南、西北、华中	木生	药用	*Pycnoporus*	密孔菌属	世界广布成分
172	血红密孔菌	*Pycnoporus sanguineus*	LC	广布	木生	药用	*Pycnoporus*	密孔菌属	世界广布成分
173	偏肿栓菌	*Trametes gibbosa*	LC	东北、华北、西北、华中	木生	药用	*Trametes*	栓菌属	世界广布成分
174	硬毛栓菌	*Trametes hirsuta*	LC	广布	木生	药用	*Trametes*	栓菌属	世界广布成分
175	膨大栓菌	*Trametes strumosa*	DD	华南、华北	木生		*Trametes*	栓菌属	世界广布成分
176	毛栓菌	*Trametes trogii*	LC	东北、内蒙古、华北、华中、青藏	木生		*Trametes*	栓菌属	世界广布成分
177	变色栓菌	*Trametes versicolor*	LC	广布	木生	药用	*Trametes*	栓菌属	世界广布成分
178	刺槐万德孔菌	*Vanderbylia robiniophila*	LC	东北、华北、华中、西北	木生	药用	*Vanderbylia*	万德孔菌属	世界广布成分
179	杯密瑚菌	*Artomyces pyxidatus*	NT	广布	土生	食用	*Artomyces*	密瑚菌属	北温带成分
180	海狸色小香菇	*Lentinellus castoreus*	LC	华北、青藏	木生		*Lentinellus*	小香菇属	北温带成分
181	猴头菌	*Hericium erinaceus*	VU	东北、华北、青藏、内蒙古、西北	木生	食药兼用	*Hericium*	猴头菌属	北温带成分
182	浓香乳菇	*Lactarius camphoratus*	LC	东北、西北、华中、华南	土生	药用	*Lactarius*	乳菇属	北温带成分
183	松乳菇	*Lactarius deliciosus*	LC	广布	土生	食用	*Lactarius*	乳菇属	北温带成分
184	红汁乳菇	*Lactarius hatsudake*	LC	广布	土生	食用	*Lactarius*	乳菇属	北温带成分
185	湿乳菇	*Lactarius hygrophoroides*	LC	华中、华南、华北	土生	食用	*Lactarius*	乳菇属	北温带成分
186	毒红菇	*Russula emetica*	LC	东北、华北、华中、华南	土生	毒蘑菇	*Russula*	红菇属	世界广布成分
187	臭红菇	*Russula foetens*	LC	广布	土生	毒蘑菇	*Russula*	红菇属	世界广布成分

续表

序号	中文学名	拉丁学名	评估等级	区系分布	生境	用途	属	属	地理区划（属）
188	香红菇	*Russula odorata*	DD	内蒙古、华北	土生		*Russula*	红菇属	世界广布成分
189	血红菇	*Russula sanguinea*	LC	东北、华北	土生	食用	*Russula*	红菇属	世界广布成分
190	毛韧革菌	*Stereum hirsutum*	LC	东北、华中、青藏	木生	药用	*Stereum*	韧革菌属	世界广布成分
191	轮纹韧革菌	*Stereum ostrea*	LC	华南、华中、华北	木生	药用	*Stereum*	韧革菌属	世界广布成分
192	绒毛韧革菌	*Stereum subtomentosum*	LC	东北、华北、华中、青藏、西北	木生		*Stereum*	韧革菌属	世界广布成分
193	掌状革菌	*Thelephora palmata*	LC	西北、华北、华中、华南	土生		*Thelephora*	革菌属	世界广布成分
194	结节胶瑚菌	*Tremellodendropsis tuberosa*	DD	广布	土生		*Tremellodendropsis*	胶瑚菌属	世界广布成分
195	金孢花耳	*Dacrymyces chrysospermus*	LC	东北、华北、青藏	木生	食用	*Dacrymyces*	花耳属	世界广布成分
196	匙盖假花耳	*Dacryopinax spathularia*	LC	广布	木生	食用	*Dacryopinax*	假花耳属	热带－亚热带成分
197	盘状韧钉耳	*Ditiola peziziformis*	LC	广布	木生		*Ditiola*	韧钉耳属	未知
198	梨胶锈菌	*Gymnosporangium asiaticum*	NE	东北、华北、西北、华中	寄生		*Gymnosporangium*	胶锈菌属	北温带成分
199	山田胶锈菌	*Gymnosporangium yamadae*	NE	东北、华北、西北、华中	寄生		*Gymnosporangium*	胶锈菌属	北温带成分
200	茶暗银耳	*Phaeotremella foliacea*	LC	广布	木生	食用	*Phaeotremella*	茶暗银耳属	世界广布成分
201	玉米黑粉菌	*Ustilago maydis*	NE	广布	寄生	食用	*Ustilago*	黑粉菌属	世界广布成分
202	小粉瘤菌	*Lycogala exiguum*	NE	广布	木生		*Lycogala*	粉瘤菌属	世界广布成分
203	线膜菌	*Reticularia lycoperdon*	NE	东北、华北、西北	木生		*Reticularia*	假丝菌属	北温带成分
204	锈发网菌	*Stemonitis axifera*	NE	广布	木生		*Stemonitis*	发网菌属	世界广布成分
205	蛇形半网菌	*Hemitrichia serpula*	NE	广布	木生		*Hemitrichia*	半网菌属	世界广布成分

注：易危（Vulnerable，VU）、近危（Near Threatened，NT）、无危（Least Concern，LC）、数据不足（Data Deficient，DD）、未予评估（Not Evaluated，NE）、中国新记录种（*）。

参 考 文 献

[1] 边禄森，戴玉成．东喜马拉雅地区多孔菌区系和生态习性 [J]．生态学报，2015. 35(05): 1554-1563.

[2] 柴新义，朱双杰，殷培峰，等．安徽皇埔山大型真菌区系地理成分分析 [J]．生态学杂志，31(09): 2012. 2344-2349.

[3] 陈晔，詹寿发，彭琴，等．赣西北地区森林大型真菌区系成分初步分析 [J]．吉林农业大学学报，2011. 33(01): 31-35+46.

[4] 陈作红，杨祝良，图力古尔，等．毒蘑菇识别与中毒防治 [M]．北京：科学出版社，2016.

[5] 崔宝凯，余长军．2011. 大兴安岭林区多孔菌的区系组成与种群结构 [J]．生态学报，31(13): 3700-3709.

[6] 戴芳澜．中国真菌总汇 [M]．北京：科学出版社，1979.

[7] 戴玉成，杨祝良．中国药用真菌名录及部分名称的修订 [J]．菌物学报，2008. (06): 801-824.

[8] 戴玉成．中国多孔菌名录 [J]．菌物学报，2009. 28(03): 315-327.

[9] 戴玉成，周丽伟，杨祝良，等．中国食用菌名录 [J]．菌物学报，2010. 29(01): 1-21.

[10] 戴玉成．中国东北地区木材腐朽菌的多样性（英文）[J]．菌物学报，2010. 29(06): 801-818.

[11] 邓树方．中国南方裸脚伞属分类暨小皮伞科真菌资源初步研究 [D]．广州：华南农业大学，2016.

[12] 丁野．吉林省泉水洞林场大型真菌多样性及保育研究 [D]．长春：吉林农业大学，2017.

[13] 贺新生，张锐杰，李小勇，等．中国羊肚菌属种类及名称 [J]．食用菌，2021. 43(01): 11-14.

[14] 胡会泽，图力古尔，张锁峰．五台山"台蘑"资源调查 [J]．菌物研究，2020. 18(01): 10-19.

[15] 胡会泽．五台山食药用真菌资源及"台蘑"的研究 [D]．长春：吉林农业大学，2020.

[16] 黄年来．中国大型真菌原色图鉴 [M]．北京：中国农业出版社，1998.

[17] 黄年来，林志彬，陈国良．中国食药用菌学 [M]．上海：上海科学技术文献出版社，2010.

[18] 黄年来，林志彬，陈国良．中国食药用菌学．下篇．[M]．上海：上海科学技术文献出版社，2010.

[19] 李传华，曲明清，曹晖，等．中国食用菌普通名名录 [J]．食用菌学报，2013. 20(03): 50-72.

[20] 李明．辽宁省黏菌纲多样性研究 [D]．长春：吉林农业大学，2011.

[21] 李奇缘．四川省米仓山国家级自然保护区大型菌物资源调查与评价 [D]．四川南充：西华师范大学，2020.

[22] 李素玲，刘虹，郭丽杰，等．大把子杯桩菇：产自山西的一个新物种 [J]．菌物学报，2020. 39(09): 1719-1727.

[23] 李莹霞．云南产羊肚菌的分类学与生态学研究 [D]．昆明：云南大学，2015.

[24] 李玉，刘淑艳. 菌物学 [M]. 北京：科学出版社，2015.

[25] 李玉，李泰辉，杨祝良，等. 中国大型菌物资源图鉴 [M]. 郑州：中原农民出版社，2015.

[26] 卢维来，魏铁铮，王晓亮，等. 北京地区大型真菌多样性分析 [J]. 菌物学报，2015. 34(05)：982-995.

[27] 马腾飞. 辽宁湾甸子龙岗支脉大型真菌资源调查及分布特征研究 [D]. 沈阳：沈阳农业大学，2017.

[28] 卯晓岚. 中国大型真菌 [M]. 郑州：河南科学技术出版社，2000.

[29] 卯晓岚. 中国蕈菌 [M]. 北京：科学出版社，2009.

[30] 孟天晓，图力古尔. 中国单种属大型担子菌及其地理分布（英文）[J]. 菌物研究，2006. (01)：29-37.

[31] 牟光福. 广西弄岗国家级自然保护区大型真菌资源调查与评价 [D]. 南宁：广西大学，2019.

[32] 娜琴. 中国小菇属的分类及分子系统学研究 [D]. 长春：吉林农业大学，2019.

[33] 宋斌，邓旺秋. 广东鼎湖山自然保护区大型真菌区系初析 [J]. 贵州科学，(03)：43-49. 2001.

[34] 宋斌，李泰辉，章卫民，等. 广东南岭大型真菌区系地理成分特征初步分析 [J]. 生态科学，2001. (04)：37-41.

[35] 田恩静. 中国球盖菇科几个属的分类与分子系统学研究 [D]. 长春：吉林农业大学，2011.

[36] 田慧敏，刘铁志，田艳春，等. 西拉沐沦河流域大型真菌名录 I[J]. 赤峰学院学报（自然科学版），2018. 34(06)：26-29.

[37] 田慧敏，刘铁志. 6 种红菇的形态学及 rDNA-ITS 测序鉴定 [J]. 食用菌，2019. 41(05)：10-17.

[38] 图力古尔，李玉. 大青沟自然保护区大型真菌区系多样性的研究 [J]. 生物多样性，2000. (01)：73-80.

[39] 图力古尔，Yevgeniya M. BULAKH，庄剑云，等. 乌苏里江流域的伞菌及其它大型担子菌（英文）[J]. 菌物学报，2007. (03)：349-368.

[40] 图力古尔，刘宇. 中国亚脐菇型真菌三新记录种 [J]. 菌物学报，2010. 29(05)：767-770.

[41] 图力古尔，康国平，范宇光，等. 长白山大型真菌物种多样性调查名录 IV 针阔混交林带 [J]. 菌物研究，2011. 9(01)：21-36.

[42] 图力古尔，刘文钊，范宇光，等. 长白山大型真菌物种多样性调查名录 V 阔叶林带 [J]. 菌物研究，2011. 9(02)：77-87+99.

[43] 图力古尔，包海鹰，李玉. 中国毒蘑菇名录 [J]. 菌物学报，2014. 33(03)：517-548.

[44] 图力古尔. 蕈菌分类学 [M]. 北京：科学出版社，2018.

[45] 图力古尔，王雪珊，张鹏. 大小兴安岭地区伞菌和牛肝菌类区系 [J]. 生物多样性，2019. 27(08)：867-872.

[46] 王科，赵明君，苏锦河，等. 中国菌物名录数据库在大型真菌红色名录编制中的作用 [J]. 生物多样性，2020. 28(01)：74-98.

[47] 王岚，杨祝良. 中国西南的蜜环菌属真菌 [J]. 中国食用菌，2003. (05)：4-6.

[48] 王薇. 长白山地区大型真菌生物多样性研究 [D]. 吉林农业大学，2014.

[49] 王薇，图力古尔. 长白山地区大型真菌的区系组成及生态分布 [J]. 吉林农业大学学报，2015. 37(01)：26-36.

[50] 王妍，刘顺，冀星，等. 横断山区南段多孔菌的多样性与区系成分分析 [J]. 菌物学报，2021. 40(10)：2599-2619.

[51] 吴芳，范龙飞，刘世良，等．中国山西省大型木材腐朽菌多样性研究（英文）[J]．菌物学报，
　　　2017. 36(11): 1487-1497.

[52] 伍利强，徐隽彦，张明，等．丹霞山大型真菌物种多样性调查及四个中国新记录种 [J]．食用菌学报，
　　　2021. 28(03): 135-146.

[53] 吴兴亮，戴玉成，李泰辉，等．中国热带真菌 [M]．北京：科学出版社，2011.

[54] 吴兴亮，卯晓岚，图力古尔，等．中国药用真菌 [M]．北京：科学出版社，2013.

[55] 吴兴亮，邓春英，张伟勇，等．中国梵净山国家级自然保护区大型真菌多样性及其资源评价 [J]．贵
　　　州科学，2014. 32(05): 1-22.

[56] 武英达，茆卫琳，员瑗．我国寒温带至亚热带森林多孔菌区系和多样性比较 [J]．生物多样性，
　　　2021. 29(10): 1369-1376.

[57] 许太敏．云南省无量山国家自然保护区林木腐朽真菌资源与分类研究 [D]．昆明：西南林业大学，2020.

[58] 杨祝良．中国真菌志．第二十七卷，鹅膏科 [M]．北京：科学出版社，2005.

[59] 杨祝良，吴刚，李艳春，等．中国西南地区常见食用菌和毒菌 [M]．北京：科学出版社，2021.

[60] 冶晓燕．文县尖山自然保护区大型真菌物种多样性的调查研究 [D]．兰州：西北师范大学，2021.

[61] 叶晟懿．中国广义黑耳属分类及系统发育研究 [D]．北京：北京林业大学，2020.

[62] 臧穆．中国真菌志．第二十二卷，牛肝菌科 (I)[M]．北京：科学出版社，2006.

[63] 张进武．黑龙江省伊春地区大型真菌资源初步研究 [D]．长春：吉林农业大学，2016.

[64] 张进武，马世玉，祁亮亮，等．黑龙江凉水自然保护区大型真菌的区系多样性 [J]．菌物研究，
　　　2017. 15(03): 170-176.

[65] 张菁．梵净山大型真菌多样性研究 [D]．贵阳：贵州师范大学，2021.

[66] 张明．华南地区牛肝菌科分子系统学及中国金牛肝菌属分类学研究 [D]．广州：华南理工大学，2016.

[67] 张明旭，汪之波，张玺，等．白水江国家级自然保护区大型真菌多样性与区系特征 [J]．干旱区资源
　　　与环境，2019. 33(07): 152-156.

[68] 张鲜．湖北省兴山县大型担子菌多样性 [D]．南京：南京师范大学，2019.

[69] 赵继鼎．中国真菌志．第三卷，多孔菌科 [M]．北京：科学出版社，1998.

[70] 赵政博．东北地区狭义球盖菇属、原球盖菇属及半球盖菇属的分类学研究 [D]．长春：吉林农业大
　　　学，2019.

[71] 郑焕娣，庄文颖．中国热带膜盘菌属真菌初探（英文）[J]．菌物研究，9(04): 212-215. 2011.

[72] 郑焕娣，庄文颖，王新存，等．祁连山子囊菌——盘菌纲和锤舌菌纲（英文）[J]．菌物学报，
　　　2020. 39(10): 1823-1845.

[73] 中华人民共和国生态环境部中国科学院．中国生物多样性红色名录——大型真菌卷 [EB/OL]．2018.
　　　http.//www.mee.gov.cn/gkml/sthjbgw/sthjbgg/201805/t20180524_441393.htm

[74] 周代兴，李汕生．贵州常见的食菌和毒菌及菌中毒的防治 [M]．贵阳：贵州人民出版社，1979.

[75] 庄文颖．中国真菌志．第五十六卷，柔膜菌科 [M]．北京：科学出版社，2018.

[76] Acar İ, Dizkirici Tekpinar L A, Kalmer A, et al. Phylogenetic relationships and taxonomical positions
　　　of two new records *Melanoleuca* species from Hakkari province, Turkey[J]. Biological Diversity and

Conservation, 2017. 10/3: 79-87.

[77] Lee H, Park MS, Park JH, et al. Seventeen Unrecorded Species from Gayasan National Park in Korea[J]. Mycobiology, 2020. 48(3): 184-194.

[78] Malysheva EF, Svetasheva TY, Bulakh EM. Fungi of the Russian Far East. I. New combination and new species of the genus *Leucoagaricus* (Agaricaceae) with red-brown basidiomata [J]. Mikologiya I Fitopatolo giya, 2013. 47(3): 169-179.

[79] Redhead SA, Ammirati JF, Norvell LL. *Omphalina* sensu lato in North America 3. *Chromosera* gen. nov. Beihefte[J]. Sydowia, 1995. 10: 155-167.

[80] Wu SH. Studies on *Schizopora flavipora* s. l., with special emphasis on specimens from Taiwan[J]. Mycotaxon, 2000. 76: 51-66.

[81] Wu SH. Twenty species of corticioid fungi newly recorded from China[J]. Mycotaxon, 2008. 104: 79-88.